디지털 콘텐츠 개발을 위한 프로젝트론

성공적인 프로젝트란?

차 례

Contents

머리말

　여러분이 정보시스템을 개발해 고객에게 서비스를 최대한 제공하는 엔지니어가 되고자 한다면, 자신의 기술력을 최대한 활용해 결과물을 내야한다. 여러분은 만들어낸 결과물의 성과로 능력을 인정받고, 높은 보수를 거머쥐게 된다. 이 성과는 여러분이 소유한 세 가지 기술력에 따라 평가가 결정된다. 하나는 자신이 맡은 프로젝트를 설계하는 모델링Modelling 기술이며, 다른 하나는 설계한 모델을 구체적으로 구현하는 코딩Coding기술, 마지막으로 프로젝트를 정확하고 효율적으로 진행하는 추진력이다. 이 책은 이 세 가지 기술력을 배양하기 위해서 무엇을, 어떻게 해야 하는지 간략하게 요약한 것이다. 어떤 성격의 프로젝트든 기획하고, 개발하며, 관리하는 데 많은 도움이 되면 좋겠다.

프로젝트란 무엇일까?

　　요즈음 프로젝트(Project)라는 말을 많이 쓴다. 일상 대화에서는 물론, 언론매체나 TV 드라마에서도 프로젝트라는 용어를 흔히 쓰는 것을 볼 수 있다. 여러분은 이 단어에 대해 어떤 느낌을 갖고 있는가? 아마도 여러 명이 팀을 이루어 일정기간 수행해야 하는 일 정도로 이해하고 있을 것이다. 이 장에서는 프로젝트가 무엇인지 정의하려고 한다. 프로젝트를 정의하기 위해서는 프로젝트의 특성을 알아보는 것이 빠르다. 프로젝트는 다음과 같은 특성을 지닌다.

- 달성해야 할 목표가 있다.
- 상호 관련된 하부작업으로 구성된다.
- 기간이 한정되어 있다.
- 독특하다.

달성해야 할 목표가 있다

프로젝트는 특정한 목표를 달성하기 위해 기획하고 관리해야 하는 것이다. 즉, 달성하고자 하는 목표가 있어야 프로젝트를 기획하고 수행할 수 있다. 당연한 말이다. 프로젝트는 처음부터 끝까지 성취해야 할 목표들로 가득 차 있다. 프로젝트뿐 아니라, 우리의 삶 자체가 목표 지향적이다. 여러분이 학생이라면 현재 최상위 목표는 어떤 과목의 학점을 취득하는 것이 될 것이며, 그 학점을 취득하려면 서너 개의 프로젝트를 수행해야 한다. 물론 각 프로젝트는 만족시켜야 할 몇 개의 모듈(Module)로 구분될 것이다. 이러한 의미에서 프로젝트를 세우고 관리하는 일은, 결국 목표를 정하고 관리하는 것과 같다는 사실을 알게 될 것이다.

먼저 목표는 달성가능해야 한다. 달성할 수 없는 목표를 세우는 것은 여러분 자신에 대한 분석을 제대로 하지 않았다는 말이다. 자신을 모르고서는 어떤 목표를 세우거나 이룰 수 없다. 어떤 목표를 개인이 아닌 팀이 세워야 한다면 더욱 어려운 일이 될 것이다. 이러한 경우 팀장의 역할이 중요하다. 팀장은 각 팀원의 능력을 파악해 달성가능한 세부 목표를 찾아내어 요구사항을 분석하고, 실현가능한 일정표를 만들어야 한다.

달성 가능한 목표를 정하는 것과 목표를 정확하게 기술하는 것은 상호관련이 있다. 목표를 명확히 세우면 그 목표의 달성

여부를 쉽게 판별할 수 있기 때문이다. 예를 들어 '홈쇼핑을 위한 웹사이트를 개발하라'는 목표는 분명하지 않은 목표설정으로 목표달성 여부를 판가름하기도 애매모호할 것이다. 그러나 판매품목과 사이트 방향설정(컨셉), 디자인 요구사항, 데이터베이스와 서버관리를 위한 개발언어, 개발기간과 비용 등 상세한 요구사항과 단계별 목표가 정확하게 기술되었다면, 목표의 달성여부도 쉽게 예측할 수 있다.

프로젝트란 구체적인 목표를 이루고자 기획하고 관리하는 것이기 때문에 그러한 목표는 정확하게 기술해야 하며, 달성할 수 있는 것이라야 한다. 팀으로 프로젝트를 수행하면 달성 가능한 목표를 명확히 세우는 일은 더욱 중요하다. 또한 팀원들이 서로 효율적으로 의사를 교환한다면, 특정 목표를 달성하기 위한 프로젝트의 기획과 관리를 잘할 수 있을 것이다.

상호 관련된 하부 작업으로 구성된다

프로젝트는 본질적으로 복잡하다. 프로젝트는 겉보기에는 분명한 듯하다. 그러나 미묘한 방향으로 상호 연결된 여러 활동을 수반한다. 예컨대 어떤 작업은 다른 작업을 완료할 때까지 실행할 수 없고, 어떤 작업은 다른 작업과 반드시 함께 해야 한다. 이러한 작업들은 상호보완적으로 해야 한다. 그렇지 않으면 프로젝트 전체가 위태로워질 수 있기 때문이다.

프로젝트의 이런 특성을 고려하면 프로젝트가 곧 시스템 자체라는 사실을 인식하게 된다. 즉, 전체는 상호관련된 하부 요소들로 구성된다는 것이다. 프로젝트라는 큰 틀 안에 상호 관련된 하부 작업들이 구성되어 있다는 말이다. 이러한 특성 때문에, 시스템을 다루는 정교한 방법론은 그대로 프로젝트 개발론에도 적용할 수 있다. 시스템을 다루는 방법론을 '시스템 분석'이라고 하는데, 시스템 분석의 기본원리를 파악하면 프로젝트를 수행할 때 효과적으로 활용할 수 있다.

기간이 한정되어 있다

프로젝트는 정해진 기간 안에서 수행해야 하며 일시적이다. 시작해야 하는 때와 마무리해야 하는 때가 있는 것이다. 설정된 목표를 성취하면 프로젝트는 곧바로 종료된다. 여러분이 프로젝트를 수행할 때 투입하는 모든 노력은 프로젝트를 약속된 기간 안에 완성하는 데 집중될 것이다. 이를 위해서 작업을 시작하고 끝나는 지점을 보여주는 일정표를 만들게 된다.

정해진 마감일이 있다 하더라도, 프로젝트팀의 책임은 결과물을 넘긴 뒤에도 계속된다는 것을 잊어서는 안 된다. 프로젝트팀은 최종 사용자가 만족할 수 있게끔 결과물을 전달한 뒤에도 계속 운영, 유지될 수 있도록 설계하고 구축해야 한다. 그런 뒤에야 프로젝트 결과물을 최종 사용자에게 인도해야 하는 것이다. 이처럼 프로젝트는 완료해야 할 작업시간은 정해진 반면, 이에 대한 책임을 져야 하는 기간은 정해져 있지 않다. 프로젝트란 결코 쉬운 일이 아니다.

독특하다

　프로젝트는 대체로 반복되지 않는 독특한 성격의 작업이다. 그러나 독특성의 범위는 프로젝트마다 매우 다르다. 예를 들어 여러분이 홈쇼핑 사이트를 개발한다면, 그 프로젝트의 독특성은 매우 낮다고 할 수 있다. 이미 웹에는 쇼핑몰이 셀 수 없이 많으며, 이러한 웹사이트를 개발할 때 요구받는 기본항목은 다른 사이트와 많이 다르지 않기 때문이다. 다만 판매 상품이나 판매전략 등 어느 정도 차별화된 요인이 있을 수 있다. 반면 여러분이 개발하고자 하는 것이 모바일 환경에서 구동되는 쇼핑 솔루션이라면, 매우 독특한 노력을 들여야 할 것이다. 참고해야할 사례가 부족할 뿐 아니라, 전에 하지 않은 일을 해야 하기 때문이다. 그러므로 과거의 경험이 이 프로젝트에서 필요한 정확한 지침을 제공하지 못한다. 따라서 이 프로젝트는 독특성의 범위는 커지지만, 그만큼 위험과 불확실성을 감수해야만 한다.

프로젝트 생명주기

프로젝트는 일종의 시스템이다. 시스템은 하나의 생명체처럼 태어나서, 성장하고, 생명을 마감한다. 인간도 역시 하나의 시스템으로 이러한 생명주기(Life cycle)가 있다. 프로젝트도 이러한 의미에서 생명주기가 있다고 할 수 있다. 필요에 따라 프로젝트가 생기고, 성장하고, 일정기간이 지나면 종료된다. 여기서는 "프로젝트는 생명주기가 있다"는 전제아래 프로젝트의 성격과 탄생, 성장과정과 소멸단계를 규정해보기로 하자.

프로젝트는 자기의 생명주기 중 어디에 있느냐에 따라 해야 할 일과 선택가능한 일이 결정된다. 프로젝트 생명주기를 여러 가지 관점에서 바라볼 수 있는데, 정보기술 분야의 관점에서는 생명주기를 필요성 인식, 요구사항 정의, 시스템 설계, 실행, 테스팅, 유지보수의 6개 단계에 초점을 맞춘다. 이러한 관점은 뒤에서 설명할 소프트웨어 공학적인 측면에서 프로젝트를 보는 B시각과 같다. 그러나 일반적인 관점에서 보면 구상, 계획, 실행, 종결의 4개 단계로 구분한다.

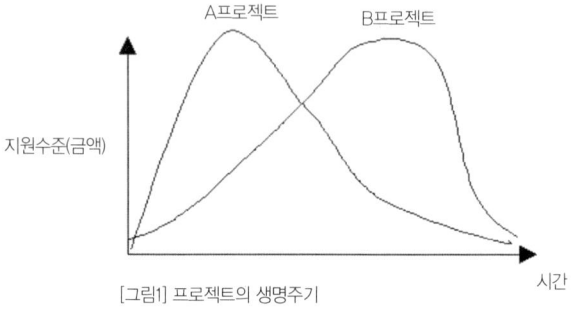

[그림1] 프로젝트의 생명주기

[그림1]은 프로젝트의 생명주기를 그래프로 보여주고 있다. 이것은 프로젝트가 생명주기 동안 자금, 인력, 자재와 같은 여러 가지 자원을 소비한다는 것을 나타낸다. A프로젝트는 그래프가 급격히 최고점에 이른 뒤 서서히 하강하는 특징을 보인다. 이와 같은 형태는 인터뷰나 설문지를 통해 소비자 정보를 얻어야 하는, 즉 시장조사 프로젝트인 경우에 나타난다. 수집된 자료는 철저히 분석하고, 그 결과 보고서를 작성하면서 자원소비는 점차 줄어든다.

B프로젝트는 점차적으로 정점에 이르고, 그후 빠르게 종료된다. 이와 같은 그래프는 흔히 대부분의 시간을 연구가설의 설정, 실험의 설계, 장비를 준비할 때 쓰는 과학적 연구 프로젝트에서 나타난다. 이런 경우에는 프로젝트 활동에서 실험을 실제 수행하고, 결과자료가 가시적으로 나타날 때 그래프가

정점에 이른다. 아마도 여러분이 수행하게 될 정보기술관련 프로젝트도 이러한 형태를 띠게 될 것이다. 이 그래프를 통해 여러분이 알아둬야 할 점은 모든 프로젝트에는 자원이 소요되는데, 프로젝트의 어떤 단계에서 어느 정도의 비용과 인력, 어떤 재료와 장비가 필요한지 철저하게 계획을 세워야 한다는 사실이다. 생명주기의 주요 특성을 잘 보여주는 하나의 접근법으로, 프로젝트 과정을 통해 설명하는 6개의 기능을 주기로 분할하는 것이 있다. 이 접근법은 프로젝트 선택, 계획, 실행, 통제, 평가, 종료의 여섯 가지 기능으로 생명주기를 나누고 있다. 이 여섯 가지 기능을 간단하게 살펴보기로 하자.

프로젝트 선택

 너무나도 당연한 말이지만, 모든 프로젝트는 필요해서 하는 것이다. 프로젝트는 누군가 어떤 필요를 충족시키고자 할 때 시작된다. 그 필요성은 오프라인에서 온라인으로 솔루션(Solution)을 이동시킬 필요가 있어서일 수도 있고, 웹사이트의 디자인을 개선하기 위해서일 수도 있으며, 새로운 모바일 게임으로 돈을 벌려고 하는 욕구 때문일 수도 있다. 그러나 우리가 사는 이 세계에는 자원이 한정되어 있기 때문에, 모든 필요를 충족시킬 프로젝트를 개발한다는 것은 불가능하다. 따라서 선택이 불가피하다. 어떻게 선택해야 할까? 좀 추상적으로 말한다면, 충족해야 할 '필요의 양'과 이용 가능한 '자원의 양'을 대비해본 뒤, 필요를 충족시키는 데 드는 자원을 고려해 선택할 수밖에 없다. 어쨌든 프로젝트를 선택하고 결정하는 것은 여러분의 미래와 직접 관련 있기 때문에 대단히 중요하다.

프로젝트를 선택하는 과정은 여러 가지 요인에 따라 수정되고 다듬어진다. 예를 들어 어떤 프로젝트를 수정할 필요성은 외부에서 발생할 수 있다. 즉, 프로젝트의 결과물을 구매해 사용하게 될 잠재 고객에게서 특정 서비스를 요구받을 수도 있으며, 여러분의 지도교수가 여러분의 제안서를 수정 요청할 수도 있다. 여기서 문제가 되는 것은 그러한 요청을 받아들일 이유와 가치가 있느냐는 것이다.

또한 프로젝트 선택에 대한 수정은 내부에서 발생할 수 있다. 기업차원에서는 기업 프로세스를 리엔지니어링하는 태스크포스팀(TFT, Task Force Team)이나 경영층과 같은 내부에서 올 수도 있다. 또한 여러분 스스로 수정할 필요성을 느끼거나, 팀원 간의 합의로 수정요구가 발생할 수도 있다. 이때 문제가 되는 것은 수정할 때 필요한 자원과 의지는 충분한지, 맡은 프로젝트를 수정, 보완할 능력을 보유하고 있는지 판단하고, 결정해야 한다는 점이다.

프로젝트 계획

　계획이란 한 지점에서 다른 지점으로 가는 길을 알려주는 일종의 지도와 같다. 이것은 프로젝트가 진행되는 기간 내내 수행되는데, 보통 초기의 계획을 세우기 전에도 불완전하고, 비공식적인 사전계획을 세운다. 이 사전계획의 형태는 다양한데, 그중 하나로 제안서(Prosposal)를 들 수 있다. 제안서는 프로젝트가 나아갈 방향을 제시하기 때문에, 사전계획이라고 볼수 있다. 이와 마찬가지 이유로 타당성 조사, 기업사례와 경쟁분석, 솔루션 벤치마킹과 같은 작업도 사전계획에 포함된다. 이런 것들은 프로젝트의 의사 결정권자에게 프로젝트가 수반해야할 아이디어와 이것이 주는 이익이 무엇인지 알려줌으로써, 프로젝트를 선택하는 데 중요한 역할을 한다. 이처럼 프로젝트는 주로 이런 사전계획을 기반으로 선택결정한다.

　이런 과정을 통해 일단 한 프로젝트를 지원하기로 결정하면 공식적인 상세계획을 세운다. 상세계획에 따라 프로젝트 이정표가 선명해지고, 관련된 일들을 어떻게 할 것인지 분명해지는 것이다. 이때 작업분류체계도, 자원할당차트, 자원적재차트, 책임차트, 누적비용분포 등과 같은 여러 도구들이 공식적인 프로젝트 계획을 세우는 프로젝트 관리자를 도와준다.

　이처럼 사전계획을 세우고, 세부적인 상세계획을 세워도 프로젝트가 진행됨에 따라 예상치 않은 상황이 발생한다. 또 새로운 상황에 맞춰서 계획은 계속 수정된다. 그러므로 프로젝트 계획의 모든 과정이 변동 없이 수행돼야 하는 것은 아니며, 오히려 변동 상황이 발생할 때마다 일정한 규정에 따라 질서 있는 형태로 관리되어야 한다고 볼 수 있다. 사실 모든 계획은 추측이다. 따라서 좋은 계획은 올바른 추측이라 할 수 있고, 나쁜 계획은 어긋난 추측이라 할 수 있다. 여기서 중요한 사실은 계획이 아무리 훌륭하다 하더라도, 실제 상황과 부딪히면 변경이 불가피하다는 것이다.

프로젝트 실행

일단 공식적으로 계획을 세우고 나면 프로젝트를 실행하는 단계에 들어선다. 계획을 세우고 프로젝트가 실행되는 이 과정을 프로젝트 실행 (Implementation)이라고 부르기도 한다. 프로젝트 실행은 사용자의 필요를 충족시키기 위한 것들을 수행하는 것이기 때문에, 프로젝트 관리의 모든 과정에서 가장 핵심적인 자리를 차지한다.

프로젝트의 실행방법은 프로젝트 대상과 특성에 따라 다르다. 집을 짓는 프로젝트라면 기초재료를 투입하고 발판재료를 세운 뒤, 청사진에 따라 집의 구조를 구체화하여 이에 수반한 여러 작업을 진행한다. 약품을 개발하는 프로젝트라면 새로운 화합물을 실험한 뒤, 임상실험을 한다. 마케팅조사 프로젝트라면 소비자의 태도를 설문지와 인터뷰로 측정한다. 웹사이트를 개발하는 프로젝트라면 유사 사이트의 벤치마킹 결과를 분석한 자료를 토대로 사이트의 방향을 설정하고, 코딩(coding) 작업을 하게 된다.

프로젝트 통제

프로젝트가 실행됨에 따라 프로젝트 관리자는 진척 정도를 계속 점검한다. 그들은 프로젝트가 정한 일정대로 진행되는지 살펴보고, 계획을 점검하며, 이들 사이에 일치하지 않는 사항을 찾아낸다. 이런 불일치 사항들을 변이(Variance)라고 한다.

프로젝트 관리에서는 변이가 예외 없이 발생한다. 프로젝트의 계획은 실제 필요한 아이디어를 언제, 어디서 얻게 될지 미리 알 수 없다. 게다가 상당 기간 동안 프로젝트의 목표와 일정 등이 불확실하므로 항상 불완전하다. 계획은 고정된 것이 아니며, 추측에 불과하다는 것을 결코 잊어선 안 된다. 프로젝트를 통제할 때 여러분이 가져야할 의문은 '변이가 있는가?' 가 아니라, '변이의 정도가 우리가 수용할 수 있을 만큼 작은가?' 하는 것이어야 한다.

변이의 수용 수준은 원칙적으로 프로젝트 초기에 결정해야 한다. 전형적인 건설 프로젝트는 건축 계약자가 주택을 건설한 경험이 많고, 업무를 수행하기 위해 해야 할 일을 정확하게 알고 있다면, 변이의 수용 수준은 낮아진다. 그러나 계획을 잘못 세워 비용 변이가 매우 커서 과다 지출을 초래한다면, 건축 계약자들은 손해를 입게 될 것이다. 결국 변이를 낮게 유지해야 높은 인센티브를 얻을 수 있다. 다시 말해 실현가능한 계획을 정확하게 세워 변동사항을 최소화해야 한다.

한편 결과가 확실치 않은 연구 프로젝트에서는 변이의 수용 범위가 20% 정도로 높을 수 있다. 연구는 근본적으로 불확실하다. 어떤 일이 변경되는 시점에 대해 막연히 추측할 수밖에 없으므로, 초기의 예측보다 다양한 변화가 생길 것이라는 점을 감수해야 한다. 아마도 여러분이 수행할 프로젝트 대부분은 어느 정도 이 범주에 속할 것이다. 정보기술 관련 프로젝트는 보통 장기간 지속될 수 없으며, 외부 기술 환경이 급변하기 때문에 수시로 변동사항이 발생하기 때문이다. 이때 감당할만한 변이의 범위를 설정하는 과정을 예외관리(Management by exception)라고 한다. 이것은 미세관리(Micromanagement)와는 정반대 개념이라고 할 수 있다. 미세관리로 프로젝트를 관리하면, 관리자들은 일어날 수 있는 모든 변이에 주의를 기울여야 한다. 그런데 예외관리로 일을 할 경우에는, 관리자들이 규모가 큰 변이나 특이한 변이에만 주의를 기울여도 충분하다. 여러분의 경우는 아마도 미세관리 쪽이 아닐까 하는데, 프로젝트를 많이 진행해본 연구자라면 예외관리가 적용될 것이다.

프로젝트 통제과정의 핵심은 프로젝트 진척에 대한 자료 수집과 평가다. 프로젝트 관리자에게 이 프로젝트 진척에 대한 자료를 준다면, 관리자는 할 수 있는 방법을 최대한 동원해 통제활동을 한다. 예를 들어 일정대로 계획을 수행할 수 없게 되면, 좀 더 많은 자원을 투입함으로써 중요한 과업들의 진행 속도를 높이려 할 것이다. 또 자료의 수집과 평가를 통해 계획보다 적은 비용이 들어갔다거나 인력 활용이 적절치 않았기 때문에 예산을 소비한 것을 발견하면, 프로젝트가 부실하게 실행되었거나 작업과정 중 일부가 간과, 혹은 무시된 것으로 판단하고 이 변이에 대한 원인을 조사하게 된다.

프로젝트 평가

프로젝트는 시작되는 순간부터 끝날 때까지 여러 가지 평가가 수행된다. 평가 방법은 예비설계 검토, 주요설계 검토, 목표관리 검토 등을 비롯해, 감사나 사후평가와 같은 기술적 평가 등이 있다. 보통 평가는 프로젝트 중간 단계와 프로젝트 종료 시에 시행되지만, 이 두 시점에서 하는 평가의 역할은 다르다. 종료 시에 하는 평가는 프로젝트 전반에 걸친 총괄적인 것이지만, 프로젝트 중간 단계 평가는 프로젝트의 미래 경로에 영향을 미치는 것들을 발견해서 결과를 활용하기 위함이다. 이 프로젝트 중간 단계의 평가결과를 보고, 생각하지 못한 많은 문제들을 사전에 예방할 수 있다.

프로젝트 종료평가는 프로젝트가 완결되는 시점에서 하기 때문에, 프로젝트의 미래경로에 아무런 영향을 미치지 않는다. 단지 프로젝트 종료평가의 근본 역할은 학습된 내용을 제공하는 것이다. 한 프로젝트를 수행하고 얻은 교훈을 다음 프로젝트에 적용해 시행착오를 줄이기 위함이다.

통제단계에서도 평가를 한다고 언급했지만, 이 때 통제과정에서는 평가와 마찬가지로 피드백 기능도 이루어진다. 그러나 통제와 평가 사이에는 다음과 같은 중요한 차이점이 있다.

· 통제는 프로젝트 진행과정 중 모니터링을 끊임없이 해야 하지만, 평가는 정해진 기간 동안만 수행한다.
· 통제는 프로젝트에서 발생하는 세부적인 일들에 초점을 맞추는 반면, 평가는 전체적인 일에 좀 더 관심을 둔다.
· 통제는 일에 대한 책임을 맡은 프로젝트 관리자가 해야 하지만, 평가는 객관성을 유지하기 위해 프로젝트에 직접 관여하지 않은 개인이나 집단이 한다.

모든 평가작업이 그렇지만, 평가를 하는 사람이나 받는 사람 모두 달가운 일이 아니다. 나아가 평가를 받는 사람들은 평가자의 존재 자체를 위협으로 인식할 수 있기 때문에, 평가라는 작업의 적절함에는 항상 한계가 있다. 이와 같은 문제는 내재적인 것이며, 불가피하므로 별다른 대안은 없다. 평가라는 작업의 결과가 책임소재를 규명해 불이익을 주는 것이라고 인식하기 때문에, 평가작업과 처리과정을 보완할 필요가 있다. 즉, 평가 뒤에 발생할 수 있는 책임소재 규명과 처벌이라는 문제가 커지기 전에, 가능한 한 처리가능한 시기에 문제를 발견해 해결하도록 평가과정을 수정하고 보완해야 한다.

그러면 평가는 어떻게 해야 하는 것일까? 평가받는 사람들이 제기하고자 하는 문제는 누가 평가자가 되며, 평가자는 공정하고 정확하게 평가할 능력이 있는지, 혹은 적절한 절차를 받아 평가 하는지, 그리고 프로젝트에 대해 충분히 숙지하고 있는지 하는 일일 것이다. 평가를 효과적으로 하려면 이러한 의문에 대해 답변하고, 투명하게 평가 작업을 진행해야 한다.

그러면 평가내용은 어떻게 구성되어야 할까? 프로젝트마다 평가방식과 내용이 다르겠지만, 보통 다음과 같은 질문에 답변할 수 있는 내용을 평가항목으로 정리하면 될 것이다.

· 목적은 달성되었는가?
· 목표는 가치가 있는 것인가?
· 목표를 수정해야 하는가?
· 목표를 지속해야 할 가치가 있는가?

이러한 질문은 프로젝트 목표의 평가와 재평가, 계획의 재구조화, 중간 단계 평가과정과 주요결과를 거시적 시점에서 요약한 것으로, 세부적으로 정리해 프로젝트 단계별 평가항목을 정리하면 된다.

프로젝트 종료

프로젝트는 위와 같은 과정들을 거쳐 마침내 마무리를 해야 할 시점에 이른다. 대부분 프로젝트가 갑작스럽고 조급하게 종료되는 경향이 있다. 종료를 재촉하는 이유는 여러 가지가 있지만, 보통 시간의 촉박함과 비용초과에 따른 것이다. 어떠한 이유로 종료하든지, 프로젝트 관리자는 계속 책임을 진다.

관리자에게는 여전히 의무가 남아있는데 프로젝트의 성격에 따라 그 내용은 다르다. 보통 프로젝트 계약에 따른 결과물 처리와 만족도 평가에 관련된 일이 중요하며, 프로젝트에 투입된 자원들의 조사와 수집, 재투입을 위한 재원과 재물 상태, 가치평가 작업이 뒤따른다. 무엇보다도 프로젝트 팀원들의 작업평가에 따른 임무와 역할부여, 재배치와 피드백 작업이 수반된다. 그런 뒤에 관리자는 최종보고서를 작성하고, 사용자들의 작업 결과물에 대한 만족도 조사와 평가를 일정기간 동안 한 뒤 마무리를 해야 한다.

종료 단계에서 큰 문제점이 하나 있다. 격렬했던 프로젝트가 마무리 단계에 이르면, 프로젝트 진행상 중요하고 흥미로운 일이 거의 끝나 도전해 볼 만한 문제도 거의 없다. 이런 상태에서 하는 마무리 작업이란 대체로 지루한 일이다. 엄청난 양의 문서 작업과 정리를 이 단계에서 해야 하는데, 여기서 항상 관리자를 괴롭히는 다양한 문제가 발생한다. 프로젝트에 참여한 팀원들은 이러한 뒤치다꺼리에 불과한 지루한 일을 빨리 털어버리고, 좀더 도전적이고 새로운 과제를 찾고자하는 유혹에 빠질 수 있다. 그래서 프로젝트를 완전하게 종결짓지 않은 상태에서 대충 마무리하는 경우가 있다. 이러면 다음 프로젝트 관리에 심각한 문제가 발생할 수 있다.

이 과정이 끝나면 유지보수 문제만 남는다. 유지보수 형태에는 시스템의 성능개선, 다른 시스템과 통합, 시스템의 주기적인 점검 등이 있다. 이와 같은 시스템 유지보수는 매우 중요하며, 비용도 계약에 따라 대단한 이익을 낼 수 있는 부분이다. 예를 들어 컴퓨터 시스템을 만들어 사용하는 과정의 총비용 중 약 60~70%가 유지보수에 투여된다고 추정하고 있다. 따라서 개발자 입장에서는 이 부분이 이익을 창출할 수 있는 부분이므로 계약할 때 유지보수에 대한 철저한 분석과 계약조건을 마련해야 한다.

프로젝트의 생명주기에 비교해 볼 때, 유지보수의 중요성은 아무리 강조해도 지나치지 않지만, 프로젝트의 생명주기에는 제외되어 있다. 이는 프로젝트의 시한적 특성에 따른 것으로, 프로젝트는 명확히 정해진 기간 동안만 진행되는 반면, 유지보수는 정해진 기간이 없기 때문이다. 물론 유지보수라는 특정한 활동을 하나의 프로젝트로 볼 수 있지만, 시작 단계에서 본래의 의도나 목표를 기반으로 하는 프로젝트와 분명히 구별된다.

프로젝트 ^{관리}

생명주기가 있는 프로젝트는 누군가 관리해야 한다. 앞에서 종종 프로젝트 관리자라는 말을 썼지만, 이 관리자는 여러분이 될 것이다. 여러분은 프로젝트의 성격과 여러분의 능력에 따라, 프로젝트 관리라는 측면에서 다양한 역할을 담당하게 될 것이다.

만일 여러분이 프로젝트 전문가에게 '프로젝트에서 가장 중요한 것이 무엇이며, 성공적으로 세운 프로젝트 목표를 달성하기 위해 무엇을 해야 하는가?' 라고 물어본다면, 아마도 다음과 같은 답을 들을 것이다. "작업을 진행하게 하라." 이것이 프로젝트 전문가들의 보편적인 신념이다. 여기에서 조금 더 구체적인 답변을 요구하면, 프로젝트 전문가는 '시간에 맞추어(On time), 맡은 예산범위 안에서(Within budget), 명세서에 따라서 작업을 진행하는 것(According to specifications)' 이라고 덧붙일 것이다. 이 세 가지 항목은 프로젝트 관리에서 중요한 변수다. 이것들은 프로젝트 전문가의 주의력과 에너지의 대부분을 쏟게 하는 요소들이기도 하다. 한마디로 프로젝트 관리란 시간, 돈, 명세서라는 제약조건에 따라 프로젝트를 효과 있게 진행하는 것을 뜻한다. 이 프로젝트 관리의 3가지 제약조건을 만족시키기 위해 많은 소프트웨어가 개발되었다.

시간 제약을 다루기 위한 방법으로 종료일을 설정하고 일정에 따라서 작업하며, 시간을 좀 더 효과 있게 관리하기 위해 정교한 컴퓨터지원 스케줄링 도구(MS Project, PERT/CPM, GERT 그리고 VERT)가 고안되었다.

돈 제약은 예산 편성을 통해 관리한다. 이를 위해 우선 프로젝트에 들어가게 될 비용에 대해 추정하며, 프로젝트를 진행하면 어떤 비용이 관리하기 어려운지 보면서 예산 사용을 감시한다. 프로젝트 관리자는 맡은 돈으로 자원을 구매하고, 인적·물적 자원을 관리한다.

세 가지 제약조건 가운데 가장 관리하기 어려운 것이 바로 **명세서의 요구를 잘 반영**하는 것이다. 명세서란 프로젝트 수행결과물은 무엇이고, 이를 위해 수행해야 할 것은 무엇인가 기술한 것이다. 예를 들어 선박을 건조한다면, 명세서에는 배의 구체적인 길이와 선박에 대한 설명이 포함되어 있어야 한다. 워드프로세싱 시스템을 설계한다면, 문서를 생성하고 편집하고 저장하는 세부적인 단계와 하부모듈들에 대한 요구사항들을 상세하게 분석하고 제시해야 한다. 여러분이 웹사이트를 개발한다면, 사이트 방향과 디자인 요구사항, 데이터베이스 스펙 등을 분명하고, 정확하게 기술해야 한다. 그런데 명세서의 문제점은 세부 내용을 설정하고, 모니터링하기가 매우 어렵다는 것이다. 명세서만으로는 기술적으로 뛰어난 제품을 정의하기에 충분하지 않다. 실제 제품이 고객을 만족시켜야 하는데, 이러한 주관적 관점이나 감각을 스펙으로 정한다는 것은 쉬운 일이 아니다.

프로젝트를 성공적으로 진행하도록 관리하려면, 다음과 같은 네 가지 관점을 이해해야 한다. 이러한 관점들은 모두 나름대로 중요한 의미를 담고 있으므로 하나하나 깊이 새겨두기 바란다.

· 프로젝트는 계획이다.
· 계획은 불확실하다.
· 프로젝트는 통제되어야 한다.
· 계획과 통제는 적절해야 한다.

프로젝트는 계획이다

프로젝트는 계획에서 시작한다. 물론 계획이란 상당히 광범위한 내용을 포함하지만, 앞에서 설명한 프로젝트 생명주기에서 수행 전단계인 선택과 계획 단계를 지칭한다. 계획이란 프로젝트의 목표를 세우는 단계부터, 자원 확보, 일정표 작성 등 프로젝트가 어디에서 시작하고 끝내야 하는지 보여주는 일종의 지도와 같은 기능을 한다.

계획을 세우는 데는 상당히 많은 노력과 시간을 들여야 한다. 계획은 요구사항 정의, 요구사항 명시, 미래에 대한 예측, 쓸 수 있는 자원 등을 정함에 따라 점차 세운다. 여러 가지 문제점에 대해 아이디어를 짜내고 종합하고 다듬고 폐기하고 재작업하고 다시 다듬은 뒤에야, 비로소 여러분을 안내할 수 있는 지도와 같은 기능을 발휘하는 계획안을 만들 수 있다.

계획은 보통 3차원적인 구성요소를 띤다. 즉 시간, 돈, 인적 · 물적 자원이 그것이다. 프로젝트를 수행하기 위해서는 언제 시작해서 언제 완료하느냐가 중요하므로, 일정에 대한 계획을 먼저 세우고, 거기에 맞추어 나머지 자원들에 대한 계획을 세워야 한다. 일정 계획을 세우는 데 도움이 되는 도구는 MS-Project, 사업 진행일정표(Gannt Chart), 일정계획 네트워크 등이 있다.

계획은 불확실하다

프로젝트를 관리하는 데는 계획을 세우기 위한 도구를 잘 다루는 것이 많은 도움이 되지만, 아무리 좋은 도구를 다룰 수 있는 전문가일지라도 완벽한 계획을 세울 수는 없다. 계획수립은 미래의 상황을 다루는 것이며, 미래를 다루는 데에는 항상 불확실성이 존재하기 때문이다. 불확실성을 수반하는 것이 계획수립의 근본 속성이다. 이것이 의미하는 바는 최선의 계획안이란 단지 미래에 나타날 사실에 대한 추정치에 불과하다는 것이다. 그러나 이러한 추정치는 동일한 집을 999번 만든 뒤 1,000번째 집을 마지막으로 만드는 데 시간이 얼마나 걸릴 것인지 추정할 경우에는 매우 정확할 수 있다.

미래를 예측하는데 필요한 경험이 충분하다면 불확실성은 줄어든다. 그러나 아무리 경험이 많다고 해도 예측은 예측이며, 계획이라는 추정치는 매우 개략적일 수밖에 없다. 우리가 현재 진행하는 일이 과거에 우리가 원하는 방식으로 정확하게 수행된다는 보장이 없으며, 수많은 변이요인들이 도사리고 있기 때문이다.

계획의 불확실성은 특히, 정보기술관련 프로젝트의 일반 특징이다. 첨단 기술 분야의 새롭고 독특한 프로젝트를 수행할 때 여러분들은 개척자와 비슷하다. 광활한 미지의 땅으로 가득 찬 정보 기술 분야는 블루오션임이 틀림없지만, 금광을 찾아내기 위해서는 탐험가의 개척정신과 투지와 끈기가 있어야 한다. 프로젝트 관리자가 되고자 하는 여러분들은 불확실성이 어떻게 계획수립과 관계있는지 정확하게 알아두어야 한다.

계획의 특성은 주로 제안 받은 프로젝트의 불확실성 수준에 따라 결정된다. 불확실성이 낮은 프로젝트에서는 프로젝트가 어떻게 진행될 것인지, 어느 정도 예측할 수 있기 때문에 상세한 계획안을 만들 수 있다. 동일한 집을 1,000번째 만들 경우 계획안은 기초 공사를 어떻게 하고, 기둥을 어디에 세우고, 못을 어디에 박아야 하는지 정확하게 명시할 수 있다. 만약 여러분들이 웹사이트 개발과 관련한 프로젝트에 여러 번 참여한 경험이 있고, 유사한 프로젝트를 제안 받았다면, 상당히 상세한 계획안을 정확하게 작성할 수 있을 것이다. 따라서 불확실성이 대단히 낮아진다고 할 수 있다. 만약 풍부한 경험이 있음에도 제대로 된 계획안을 작성하지 않았다면, 그것은 단순히 여러분이 게으르다는 것만을 나타낼 뿐이다. 충분히 준비한 상태에서 작성된 상세한 계획안은 변이, 혹은 우연으로 프로젝트의 진행을 몰고 가는 일들은 피할 수 있다.

불확실성이 높은 프로젝트에서는 미래에 일들이 어떻게 진행될지 정보가 부족하기 때문에, 상세하게 계획을 세우는 것이 불가능하다. 예를 들어 암의 치료방법을 찾아내는 프로젝트를 상상해보자. 암 치료 프로젝트를 수행하는 연구자들은 자신들이 무엇을 찾아낼 것인지 잘 모르고 있으며, 연구 방법은 대체로 단계적인 발견에 의존함으로써, 프로젝트 계획 자체가 다소 모호하고, 정확성이 낮을 수밖에 없다.

어쨌든 완벽하게 불확실성을 피해갈 수 있는 계획은 없다. 이러한 맥락에서 좋은 계획이란 단계적으로 계획을 세워가는 것이라 할 수 있다. 예를 들어 2년이 걸리고, 위험성이 높은 프로젝트가 있다면, 개략 6개의 계획수립 단계로 분해하고, 첫째 단계(4개월)에 대해서만 상세하게 계획을 세우는 것이다. 첫째 단계가 끝날 때 즈음, 둘째 단계에 대한 상세한 계획을 세우고, 다음 단계도 마찬가지 방법으로 진행한다. 불확실성이 높은 프로젝트를 수행하는 팀원에게 처음부터 전체 프로젝트에 대한 정교하고, 상세한 계획을 세우도록 강요하는 것은 무익한 일이다. 여러분은 아마도 짧게는 몇 주, 길게는 몇 년 단위의 프로젝트를 맡게 될 것이다. 또한 프로젝트의 성격도 다양할 것이기 때문에, 위와 같은 파도타기 접근법을 모든 프로젝트에 적용할 수 없을 것이다. 분명히 고려할 점은 모든 프로젝트는 불확실성을 안고 있으며, 그에 대한 대비를 철저히 해야 한다는 것이다. 이러한 불확실성은 프로젝트의 복잡성과도 연관이 있다.

프로젝트가 복잡한 성격을 띤다고 해도 불확실성이 높아진다고 말할 수는 없다. 즉, 복잡성과 불확실성은 서로 다른 특성을 띤다. 복잡한 프로젝트라도 오히려 주의 깊게 보면 목표가 분명하게 보이는 특징이 있다. 프로젝트를 구성하는 하부 작업들이 잡다하게 얽혀 있지만, 오랜 경험이나 일의 성격상 목표점을 문제없이 찾아갈 수 있는 지도를 만들 수 있는 프로젝트가 복잡한 프로젝트다. 그러나 불확실성이 높다는 것은 하부 작업들의 상호관계가 복잡하다는 것보다는, 프로젝트 진행 과정에서 의외의 분기점이 곳곳에 도사리고 있을 가능성이 높은 프로젝트의 성격을 나타낸다.

이러한 복잡성과 불확실성의 높고 낮음에 따라 네 가지 특징의 프로젝트 유형이 드러난다.

복잡성은 낮고, 불확실성도 낮다.
복잡성은 낮고, 불확실성은 높다.
복잡성은 높고, 불확실성은 낮다.
복잡성은 높고, 불확실성도 높다.

불확실성과 복잡성간의 정도 차이에 따라 모든 프로젝트는 나름대로 계획을 세우는 데 특별한 전략이 필요하다. 위에서 언급한 파도타기 접근법 또한 그러한 특성에 따라, 광범위한 스펙트럼 안에서 변형된 접근방식을 도출할 수 있을 것이다.

프로젝트는 통제해야 한다

프로젝트 통제는 계획과 프로젝트 실행과정에서 발생하는 결과와 견주었을 때 나타난다. 프로젝트 계획과 마찬가지로 프로젝트 통제에서도 시간, 돈, 인적·물적 자원 등과 관련된 일을 집중적으로 다루게 된다. 통제의 목적은 프로젝트의 진행과정을 추적함으로써 프로젝트를 정상적으로 운영하는데 있다. 이러한 의미에서 통제는 피드백 기능의 역할도 수행할 수밖에 없다. 예를 들어 운전자는 차의 방향이 왼쪽으로 치우쳤을 때, 오른쪽으로 운전대를 조금 돌려 방향을 조정한다. 이처럼 특정 작업이 계획한 일정보다 뒤처져 있다는 것을 알았을 때, 뒤처진 작업에 좀 더 많은 시간, 돈, 자원을 투입해 정상 궤도에 올려놓아 전체 프로젝트의 흐름을 원만하게 하는 통제를 하는 것이다.

관리자는 프로젝트 팀원에게 '계획한 것과 실제 이루어지는 작업 간에 차이가 발생하는가, 왜 그러한 차이가 발생하는가?' 라고 질문함으로써 통제기능에 접근한다. 즉, '어제 5시까지 끝내기로 한 작업을 오늘 5시에도 마감하지 못하는 이유가 무엇인가, 모델링에 필요해 구매하기로 한 3D MAX 소프트웨어의 실제 구매 가격은 예산 편성시의 가격과 차이가 있는가, A 팀원은 가정 사정으로 프로젝트에서 제외되었는데, 이를 보충할 인력은 현재 섭외 가능한가' 하는 질문을 통해 통제 활동의 유형과 우선순위가 결정될 것이다.

프로젝트를 관리할 때에는 언제나 실제와 계획 간 차이가 발생하는 변이가 일어난다. 모든 계획은 추측에 불과하므로 완벽하게 미래의 실제 상황을 예측하지 못한다. 프로젝트의 불확실성이 높을수록, 계획은 설정된 목표에서 벗어날 가능성이 더 커질 것이다. 어쨌든 이러한 불확실성은 항상 내재하므로, 여러분이 어디까지 그 차이나 변이를 허용할 것인지 정하는 것이 더욱 중요한 과제다. 이 허용치는 프로젝트를 통제할 때, 대단히 중요한 기능을 하므로 주의 깊게 설정해야 한다.

어떻게 기본적인 통제에 대한 허용기준을 설정해야 할까? 당연히 복잡하고 위험성이 많고 불확실성이 높은 프로젝트에 대해서는 커다란 변이가 발생할지라도 기꺼이 받아들여야 한다. 예를 들어 계획 단계에서 맡은 작업에 백만 원이 쓰일 것으로 예상해 예산을 책정했다 하더라도, 20만 원까지 비용이 초과하거나 미달한 것을 기꺼이 받아들여야 한다. 왜냐하면 계획 단계에서 특정 과업을 수행하는데, 얼마나 많은 비용이 지출될 것인지 위험이 따르는 추측을 했기 때문에, 큰 차이를 받아들여야 하는 것이다. 그러나 복잡성이 낮거나 불확실성이 덜한 프로젝트에서는 허용기준이 좀더 엄격하게 설정될 것이다. 작업이 진행되는 방향이나 상황에 대해 잘 알고 있기 때문이다.

예를 들어 처음 세운 계획에서 2% 이상 발생한 편차는 보통 프로젝트의 경우 받아들일 수 없는 것으로 판단할 수 있다. 허용할 수 있는 차이를 정의하는 명확한 기준이 있다면, 허용수준 범위 안에 해당되는 작업들의 변이에 신경 쓰는 시간을 절감할 수 있다. 대신 허용 범위를 벗어나는 변이를 나타내는 작업을 통제에 더욱 집중할 수 있다. 예를 들어 3월에 계획한 것보다 8% 이상 더 많은 지출을 했고, 허용기준이 5% 초과 혹은 미달의 차이라면 '이러한 수용할 수 없는 초과 지출을 발생시킨 작업에 무슨 일이 일어났는가?' 라고 질문할 수 있을 것이며 통제하게 될 것이다. 이러한 접근법을 '예외관리' 라고 부른다.

이 접근법에 따르면 모든 힘을 특별한 문제에 집중시키는 반면에 사소한 일상적인 문제에서는 에너지를 낭비하지 않는다. 결국 프로젝트가 진행되는 과정에서 생기는 약간의 차이는 허용할 수 있으며, 계획과 통제를 잘하면 프로젝트가 종료된 시점에서는 프로젝트 기간 동안 발생한 허용할 수 있는 양의 차이와 음의 차이가 상쇄되어 전체 차이는 거의 없다.

여기서 허용할 수 있는 변이와 허용할 수 없는 변이를 구별해야 한다. 실무와 현실 세계에서는 무슨 일이 일어날 것인지 정확하게 예측할 수 있는 완벽한 지식이 부족하기 때문에, 보통 프로젝트 운영계획에서 약간의 변이를 기꺼이 허용해야 한다. 그러나 프로젝트가 수행되는 동안 계획에서 5% 차이를 허용할 수 있더라도, 전체 프로젝트에서 5% 비용 혹은 일정 초과를 수용할 수는 없을 것이다. 이러한 전체적인 초과를 받아들이려면, 예산과 일정에 관리 비축이라는 것을 만들어 놓아야 한다. 이러한 관리 비축을 전체 프로젝트에서 수용할 수 있는 초과분으로 간주해, 프로젝트를 통제하는 데 결정적인 역할을 할 수 있게 해줄 것이다.

계획과 통제는 적절해야 한다

여러분은 프로젝트를 계획하거나, 통제하는 방법을 설계하게 될 것이다. 여러분이 맡은 프로젝트를 성공시키려면, 어떤 계획과 얼마나 많은 통제가 필요한 것일까? 이러한 질문에 명백한 정답은 없다. 겉으로는 프로젝트의 불확실성을 최소화하고, 프로젝트를 완벽하게 통제하기 위해, 계획과 통제에 많은 노력을 기울여야만 하는 것처럼 보인다. 즉, '계획은 아무리 많이 세워도 지나치지 않는다, 혹은 프로젝트에 대한 통제력이 약해지면 프로젝트는 성공할 수 없을 것이다'라는 생각을 당연지사로 받아들일 것이다.

그러나 계획과 통제에는 비용이 들기 마련이다. 프로젝트 비용 중에 계획과 통제에 들어가는 비용 증가는 프로젝트 예산 가운데 직접 생산적인 활동에 쓸 수 있는 예산 비율을 감소시킬 수밖에 없다. 그러면 프로젝트 예산 가운데 얼마큼을 계획과 통제 비용으로 써야 할까? 이런 문제는 다음과 같은 여러 가지 요인들과 관련 있다.

- 프로젝트의 복잡성
- 프로젝트의 규모
- 불확실성 수준
- 조직의 요구사항
- 계획과 통제 도구의 사용자 편리성

프로젝트의 복잡성

이미 언급했듯이 복잡한 프로젝트는 하부 작업들의 연관성이 복잡하게 얽힌 정도가 높은 경우를 말한다. 어떤 작업들은 순차적으로 진행해야 하고, 어떤 작업들은 병행해야 하며, 어떤 작업들은 서로 특수한 상호보완 관계를 유지하면서 진행해야 한다. 이러한 작업의 진행흐름이 복잡하게 얽혀 있으면, 프로젝트를 수행하기 위해 어떤 조치를 어떤 시점에서 취해야 하는지 정확하게 명시할 필요성도 더욱 커진다. 당연한 말이지만, 보통 매우 복잡한 프로젝트는 단순한 프로젝트보다 더 많은 계획과 통제 노력이 필요하다. 여러분이 교수님의 지도로 수행하는 학기 단위프로젝트와 화성 탐험을 위한 우주왕복선 프로젝트의 복잡성을 비교해 상상해보자.

프로젝트의 규모

대규모의 프로젝트에서는 팀원들 간, 혹은 관련 이해 집단 간에 조정해야 하는 일이 어쩔 수 없이 많이 일어난다. 이런 프로젝트에서는 무심결에 세부적인 계획수립 사항을 빠뜨리기 쉽고, 진행과정 중에 무엇을 했으며, 앞으로 어떻게 해야 하는지 추적하기 쉽지 않다. 결국 규모가 큰 프로젝트에서는 프로젝트를 어떻게 수행해야 하는지 설명하는 여러 가지 상세한 규칙으로 기술된, 매우 공식적이며, 정밀한 계획과 통제가 필요한 것이다.

약 20억이 넘는 큰 규모의 프로젝트에서는 계획, 조정, 통제와 관련된 관리비용이 전체 프로젝트 비용의 절반에서 3분의 2까지 차지할 수 있다고 한다. 반면에 천만 원 정도의 소규모 프로젝트에서는 높은 간접비용이 큰 문제가 안 될 수 있다. 규모가 작아지면, 좀더 느슨하고 고도의 통제 수준을 유지할 필요 없이 작업의 진행 상태를 추적할 수 있기 때문이다. 규모가 작은 프로젝트에서는 관리비용이 15~25%의 범위를 넘으면 계획과 통제에 지나치게 많은 노력을 기울이고 있는 것으로 봐야 한다.

불확실성 수준

여러분은 불확실성이 높으면 계획과 통제의 수준이 높아야 한다고 생각하기 쉬우나, 종종 불확실성이 높은 프로젝트에 대해서 정교한 통제 기법을 개발하는 것이 무의미할 수 있다. 이러한 프로젝트의 문제는 미래에 어떤 일이 일어날 지에 관한 정보가 거의 없다는 것이다. 불확실성이 큰 경우에는 계획이 아무리 정교하더라도 지속적으로 수정하게 되므로, 상세한 계획수립과 엄격한 통제는 프로젝트의 진행을 오히려 방해할 수 있다. 유연성이 필요한 프로젝트에 엄격성을 강요한다면, 프로젝트에 해가 될 수 있다는 사실에 유념해야 한다. 한편 불확실성이 낮은 프로젝트는 프로젝트를 완성하기 위해서 필요한 실질적인 지식을 갖고 있기 때문에, 상세한 계획과 엄격한 통제를 지원할 수 있다. 그러나 항상 이러한 논리가 적용될 수 있는 것은 아니라는 사실은 여러분도 느낄 것이다.

조직 요구사항

여러분이 몸담고 있는 조직의 특성에 따라서 계획과 통제에 대한 접근법이 다양하다. 중요한 의사결정을 내리기 전에 정교한 계획을 세우는 조직이 있는가 하면, 적절한 계획을 세우지 않고 저돌적이고 관습적인 방식으로 프로젝트에 달려드는 조직도 있다. 여러분도 자신의 성격이나 프로젝트를 진행하는 팀장의 방식에 따라, 동일한 프로젝트에 대한 계획과 통제가 천차만별로 수행되는 것을 경험했거나 경험할 것이다. 여러분이 엄격한 계획과 통제 방식을 고수하는 조직에 속해있다면, 대단히 효율적인 계획과 통제기법을 활용할 것이다. 그러나 천만 원 예산규모로 진행되는 프로젝트를 20억 원 규모의 프로젝트와 동일한 정도의 엄격함과 정교함이 요구되는 계획과 통제절차를 따라야 한다면, 이것 또한 바람직한 조직문화가 아니다. 하여튼 엉성한 계획과 통제절차를 허용하는 조직은 빈약한 계획과 통제가 적용되는 프로젝트를 운영할 가능성이 높은 것이 사실이다.

계획과 통제 도구의 사용자 편리성

계획과 통제를 위한 소프트웨어가 많이 출시되어 있는데, 여러분은 이러한 프로젝트 관리 도구를 하나쯤은 사용할 수 있어야 한다. 문제는 이러한 도구의 사용법을 익히는데 시간이 지나치게 많이 걸리거나 사용법이 난삽하게 설계되어 있다면, 오히려 프로젝트의 효율성을 감소시키고 관리비용을 증가시킬 수 있다. 현재는 어디서나 컴퓨터에 접근할 수 있으므로 계획과 통제 도구도 많아지고 사용법도 쉬워지고 있다. 몇 년 전만 하더라도 메인프레임 상에서만 작동하는 값비싼 솔루션과 관련 인력이 필요했지만, 현재는 프로젝트 관리자 혼자서 모든 일정을 세우고, 통제할 수 있는 마이크로컴퓨터 기반의 솔루션들이 출시되어 있다. 이러한 측면에서 현재는 계획과 통제에 요구되는 예산을 대단히 효율적으로 편성할 수 있다.

소프트웨어 개발론

여러분은 대학을 졸업하면 정보시스템 개발과 관련된 직장에서 일하게 될 것이다. 정보시스템이란 정보를 처리하는 애플리케이션(application)을 말하는데, 컴퓨터를 중심으로 네트워크와 모바일 같은 인프라를 이용해 다양한 멀티미디어 콘텐츠를 사용자가 요구하는 방식으로 처리해주는 소프트웨어가 될 것이다.

정보기술은 빠르게 발전하고 있다. 또한 정보기술 사용자는 점차 특정 전문가가 아닌 일반인들로 확산되고 있다. 이러한 경향은 정보기술 전문가들에게는 바람직한 현상이기도 하지만, 대단히 곤혹스러운 면이 있다. 시시각각 변하는 기술을 따라잡아야 하고, 한편으로 사용자들의 요구가 다양해짐에 따라 강력하지만 사용하기 쉽고 편리한 시스템을 만들어야 한다는 것도 큰 부담으로 다가오기 때문이다. 그러나 개발하는 방법을 잘 알고 있으면, 어떠한 복잡한 정보시스템도 잘 개발할 수 있다.

정보시스템을 개발하는 전문가가 되려면, 먼저 고객이 원하는 서비스가 무엇인지 알아야 한다. 아무리 좋은 시스템을 개발해도 고객이 원하지 않는다면, 개발한 보람이 없을 뿐 아니라, 경제적으로도 큰 손실을 가져올 수 있다. 따라서 프로젝트를 수행할 때 제일 먼저 해야 할 일은 개발하고자 하는 시스템을 고객이 원하는지 판단하는 일이다.

여러분은 대학에 다니면서 여러 유형의 프로젝트를 수행하게 될 것이다. 간단한 과제물부터 졸업을 위한 프로젝트까지 다양한 수준의 소프트웨어 시스템을 개발하게 될 것이다. 대학의 이러한 실습과정에서 기술을 습득하는 것이 목적이므로, 고객이라는 존재를 아예 무시하거나 과제를 부여하는 교수님을 고객이라고 생각할 지도 모른다. 그러나 이제부터는 어떤 수준이나 규모의 프로그램을 작성하든지, 고객이라는 존재를 진지하게 생각하는 버릇을 들여야 한다. 그렇지 않으면, 여러분이 개발한 시스템은 효용성이 없을 뿐 아니라 교수님이 좋은 점수를 주지도 않을 것이다.

고객을 고려해 개발한 소프트웨어는 멋지다. 결국 고객이 요구하는 대로 개발했다면 좋은 서비스를 제공하는 시스템을 만들어낸 것이다. 그러나 고객의 요구를 만족시킨다는 것은 그리 쉬운 일이 아니다. 우선 고객이 무엇을 요구하는지 정확하게 판단하는 일이 어렵기 때문이다. 고객도 자신이 무엇을 원하는지 여러분에게 자세히 그려주지 않는다. 고객의 요구는 보통 형태도 없고, 애매하며, 주관적이고, 관념적이다. 고객은 대단히 분명치 않고 구현하기 어려운 욕구들로 가득 차 있는 존재다.

이러한 고객뿐 아니라 봉급을 지급하게 될 회사에서도 요구하는 것이 있다. 회사 입장에서는 여러분에게 제공하는 인건비는 물론, 하드웨어, 소프트웨어, 연구실, 각종 시설물 유지, 건강보험 등 수많은 비용을 감안해 여러분의 개발비용과 시간을 줄이려고 한다. 무엇보다도 개발비용을 투자한 대가로 이윤을 내려고 할 것이다. 이러한 측면에서 좋은 시스템이란 고객의 요구를 만족시킴과 동시에 개발비용을 절감하는 시스템이라고 할 수 있다. 이 책을 읽어감에 따라 여러분은 막연한 고객의 희망사항을 자세히 찾고, 저렴한 개발비용을 유지하는 전략을 배우게 된다. 이와 더불어, 학교에서는 교수님이 학점을 무기로 이러이러한 요구사항을 만족시키는 시스템을 개발하라고 위협(?)하게 된다. 이러한 이유로 교수님의 요구도 만족시켜야 하고, 대단히 혁신적이고, 첨단 기능을 보유한 시스템을 개발해야 하는 부담도 여러분의 몫이다.

고객은 막연한 희망사항만으로 개발의뢰를 하지는 않는다. 실제로 어떤 소프트웨어 패키지를 구매하려고 할 때를 생각해 보면, 이때에는 어느 정도 명확한 목표와 사용명세가 준비되어 있을 것이다. 예를 들어 객체지향 프로그래밍을 학습하고자 하는 목표를 향해 소프트웨어 패키지를 사려고 할 때, 여러분은 고객으로서 여러 가지 사항을 염두에 둘 것이다. 현재 갖고 있는 컴퓨터의 스펙과 운영체제, 가격과 구매방법, 교수님의 요구사항이나 친구들의 사용유무 등을 면밀하게 검토한다. 검토를 마치면, 마이크로소프트사의 비주얼 스튜디오를 구입하든지, 리눅스나 유닉스에서 돌아가는 공유소프트웨어를 다운로드하든지 결정할 것이다. 마찬가지로 고객은 여러분에게 이러저러한 요구사항을 정리한 기획안이나 요건정의서 같은 것을 보여주면서, 자신들이 원하는 시스템에 관해 지루한 설명을 할 것이다.

만약 여러분이 학교에서 수행하는 프로젝트에 참여하고 있다면, 이러한 기획안은 교수님이 건네주기도 하고 스스로 작성하기도 한다. 개발하고자 하는 시스템의 목적과 개요, 입출력, 상업성 여부와 개발일정과 같은 내용이 포함되어 있을 것이다. 어쨌든 이 기획안만 가지고는 시스템을 바로 구현할 수 없다. 시스템을 구축하려면 구체적이어야 하기 때문이다. 예를 들어 이 시점에서 이러한 기능이 있어야 한다든지, 화면의 구성이 이렇고, 입력 데이터의 자료형은 이것이어야 하며, 네트워크상에서 이러한 데이터와 플랫폼이 저런 방식으로 교환되어야 한다는 등 고객의 생각이 시스템으로 구축되는 데 필요한 구체적인 데이터의 흐름을 명확하게 정의해야 한다.

이를 위해서 시스템을 개발하는 여러분은 고객과 직접 대화를 나누면서, 필요한 정보를 수집하고, 분석해야 한다. 그리고 분석한 결과를 바탕으로 시스템을 설계하기 위한 구체적인 요구조건을 찾아내야 한다. 요구조건이 분명해지면, 여러분은 이제 소프트웨어 기획 단계를 벗어나 개발 단계로 들어간다. 다음 단원에서는 이러한 줄거리를 중심으로 소프트웨어 개발 프로젝트를 수행해야 할 경우, 여러분이 어떠한 절차를 밟아 야 하는지 설명하기로 하겠다.

소프트웨어란?

　소프트웨어는 종이, 디스크 혹은 실리콘 칩과 같은 물리적 매체에 특별한 코딩기호로 저장되어 있다. 즉, 원자들의 배열을 조금 변형해 일정한 패턴을 만들어 기억하게 된다. 이러한 의미에서 소프트웨어와 하드웨어는 구분이 잘 가지 않는다. 그러나 물질이라는 원자와는 달리 소프트웨어란 비트(bit)의 흐름으로 기본적으로 개념적이고, 비물리적이다.

　그러나 개념적이든 비물리적이든 물리적인 그릇이 없으면, 담을 것은 존재하지 않는다. 개념이라는 것도 '두뇌' 라는 물리적 그릇이 없으면 담을 수 없는 공허한 것이다. 이러한 의미에서 프레드 브룩스(Fred Brooks)라는 사람은 물리적으로 한계가 있는 하드웨어 속도와 크기를 유추해 보면, 현재의 기술로는 결코 해결할 수 없는 소프트웨어 생성의 내재적 문제점이 있다고 주장한다.

소프트웨어는 특성상 하드웨어의 발전과는 좀 다른 양상을 보였다. 하드웨어는 무어의 법칙(Moore's Law, 인터넷 경제의 3원칙 가운데 하나로, 마이크로칩의 밀도가 18개월마다 2배로 늘어난다는 법칙)과 황의 법칙(Hwang's Law, 반도체 메모리의 용량이 1년마다 2배씩 증가한다는 이론으로, 삼성전자의 황창규 사장이 '메모리 신성장론'을 발표했다. 그의 성을 따서 '황의 법칙'이라고 한다)을 따르며 꾸준히 진화를 거듭하지만, 소프트웨어는 어떤 법칙이나 과학적 접근법으로 해결할 수 없는 마술과 같은 요소가 내재되어 있는 것이 사실이다.

소프트웨어의 본질적인 문제를 지적하고 있는 브룩스는 소프트웨어에 내재된 본질적인 어려움과 소프트웨어를 개발할 때에는 발견되지 않는 우연성을 지적한다. 본질적 어려움은 어떻게든 극복할 수 없는 소프트웨어 생성의 태생적 문제점이고, 조금이라도 개선할 구석이 엿보이는 요소가 바로 우연성이라는 것이다. 소프트웨어 개발이라는 측면에서 어떤 점이 어려운지 브룩스는 복잡도, 적합성, 변경성, 불가시성이라는 개념을 사용해 설명하고 있다. 이것들은 실제 비기술적인 개념들이지만, 소프트웨어를 개발할 때, 심각하게 고려해야 할 사항을 많이 안고 있으므로 하나씩 설명하고자 한다.

복잡도

복잡도(Complexity)란 용어는 보통 컴퓨터 공학에서 뜻하는 것과 소프트웨어 공학에서 뜻하는 것과는 차이가 많다. 공학에서 복잡도는 알고리즘 수행 시 매개변수에 의해 반복적으로 수행되는 문장의 수를 기준으로 결정되지만, 소프트웨어 공학의 복잡도는 스파게티 국수타래처럼 복잡하게 뒤엉켜 있다는 의미에서 복잡도라는 단어를 쓴다.

소프트웨어는 인간이 만드는 어떤 구조물보다도 복잡하고 하드웨어는 소프트웨어와 견주면 아주 단순하다. 예를 들어 컴퓨터 메모리 16비트(2바이트 bytes=1워드 word)가 하나의 정수를 기억한다고 가정해보자. 1비트는 두 개의 값, 0과 1을 지니므로, 1워드는 216개의 서로 다른 값을 가질 수 있다. 만약 2워드가 연산에 사용된다면, 두 개의 216을 합쳐서 432가 될 것이다.

이제 간단하게 컴퓨터로 프로그램을 작성해 보는데, 1워드 크기의 정수값을 한 변수에 저장한다고 가정하면, 이 변수는 216개의 다른 값을 가질 수 있다. 이 많은 수의 정수값이 프로그램의 각종 제어문(조건문, 반복문, 루프 등)에서 제어변수가 될 수 있으며, 제어의 흐름이 이 정수값에 종속되어 있다면, 다른 변수들과 상호작용해 프로그램 안의 상태 변수값은 폭발적으로 증가한다. 각 변수의 상태값 개수와 그 값들의 조합에서 파생되는 복잡도는 프로그램의 규모가 증가함에 따라 가파르게 증가한다.

이러한 복잡도는 해결해야 할 문제가 복잡해지고, 그에 따라 프로그램의 규모가 증가함에 따라 증가할 수밖에 없다. 복잡도는 소프트웨어의 본질이다. 가장 단순하게 작성된 소프트웨어라고 할지라도, 프로그램을 구성하는 각 단위는 상호작용한다. 예를 들어 별도로 컴파일 되는 모듈의 상태는 모듈 매개변수들의 상태에 의존하고, 전역변수(한 개 이상의 모듈에서 접근할 수 있는 변수)의 상태는 전체 프로그램의 상태에 영향을 미친다. 물론 이러한 프로그램상의 복잡도는 객체 지향 패러다임을 사용하면 확실하게 감소할 수 있으며, 프로시저 기반 패러다임에서도 궁여지책으로나마 감소할 수 있다. 그러나 복잡도를 획기적으로 감소시킬 수 있는 대안이 있는 것은 아니다. 다른 말로 표현해, 복잡도는 소프트웨어의 본질적인 성질이지 우연한 것은 아니라는 말이다.

소프트웨어의 복잡도는 프로그램을 이해하기 어렵게 만든다. 실제로 대형 프로그램 전체를 이해하는 사람은 거의 없다. 복잡도는 소프트웨어 프로세스 자체뿐만 아니라, 프로세스의 관리에도 영향을 미친다. 관리자가 자신이 관리하는 프로세스에 관한 정확한 정보를 얻을 수 없다면, 프로그램의 다음 단계에 필요한 인적 자원과 예산을 정확하게 결정하기 어렵게 될 것이다. 관리자가 무엇이 미해결한 부분이고, 시간 안에 끝내야 할 것이 무엇인지 알지 못하면, 다음 단계 작업일정을 잡기 어렵다. 프로젝트에 참여한 프로그래머가 팀을 빠져나갔다면, 교체된 프로그래머를 교육시키는 것은 악몽이 될 수도 있다. 복잡한 코드를 이해한다는 것은 새로 코딩하는 작업보다 몇 배나 더 힘들 수 있기 때문이다.

소프트웨어의 복잡도가 높아져 가장 큰 문제가 되는 것을 꼽으라면, 단연 유지보수라고 말할 것이다. 소프트웨어는 개발 뒤에 꾸준히 고객을 관리해야 하며, 유지보수 계약을 별도로 체결하기도 한다. 또한 개발사 입장에서 유지보수로 벌어들이는 수입도 만만치 않은 경우가 있다. 유지보수 담당자가 프로그램을 구체적으로 이해하지 못하면, 고객이 요구하는 부분의 수정이나 기능 향상은 기대하기 어려울 뿐더러 원래의 소스 프로그램에 손상을 입힐 위험도 있다. 이러한 손상이 발생할 가능성은 원래의 작성자가 유지보수에 관여하더라도 항상 존재한다. 더구나 유지보수 책임자가 비공개적으로 비밀리에 작업했을 때는 상황이 더욱 악화될 수 있다. 문서를 빈약하게 작성했거나 아예 작성하지 않았거나 최악의 경우 잘못 작성했다면 유지보수가 악몽으로 바뀌게 되는 주원인이 된다. 그러나 문서가 잘된 경우에도 소프트웨어 본래의 복잡도 때문에, 유지보수에 큰 영향을 미친다. 이러한 이유에서 객체지향 패러다임이 등장해, 복잡도를 감소시키는데 도움을 주어 유지보수작업이 수월해진 측면이 있다고는 하지만, 아직도 갈 길이 먼 것이 사실이다.

적합성

  적합성이란 소프트웨어 시스템에 대한 일종의 환상을 요약한 개념이다. 예를 들어 생산 공정을 소프트웨어를 통해 제어하는 경우, 제품의 생산성이 증대된다고 생각하는 것이다. 따라서 소프트웨어 개발팀은 생산 공정에 필요한 제어신호를 처리하는 인터페이스 프로그램을 작성한다. 이것이 브룩스가 지적한 적합성의 첫째 유형이다. 이 유형은 소프트웨어가 기존의 시스템과 인터페이스(Interface)를 이용해야 하기 때문에 불필요하게 복잡도가 상승한다.

  그러면 기존의 시스템을 무시하고, 새롭게 전산화작업을 하면 어떨까? 이러한 경우에도 이미 설계된 소프트웨어 컴포넌트에 의존하게 된다. 과거에 구성한 방법을 변형하기보다는, 오히려 소프트웨어 인터페이스를 다른 컴포넌트와 일치하도록 작성하는 것이 더욱 쉽고, 안전하다고 인식하는 것이다. 결국 새로운 시스템을 설계할 때에는, 이전과 같은 구조를 지닌 장치를 설계하도록 압력을 가하고, 이 장치를 통해 신호제어를 하기 위해 인터페이스 소프트웨어를 개발하게 되는 것이다. 이것이 브룩스가 지적한 적합성의 둘째 유형이다. 이 유형은 기존의 소프트웨어가 가장 적합한 컴포넌트라는 잘못된 인식 때문에 불필요하게 복잡도를 증가시킨다는 것이다.

  이렇게 외부에서 강요받은 적합성 때문에 생긴 문제는 복잡도가 소프트웨어 자체의 구조 때문에 생기는 것이 아니기 때문에 소프트웨어를 재설계해도 제거되지 않는다는 특징이 있다.

변경성

다른 프로젝트와는 달리 소프트웨어 개발관련 프로젝트는 보통 상식을 벗어나는 수준의 과격한 수정과 보완작업을 자연스럽게 한다. 예를 들어 토목 기술자에게 현재 50% 이상 완성된 다리를 3km 정도 동쪽으로 옮기라든지, 다리를 180° 회전시키라는 요구는 상식에서 벗어나기 때문에 받아들일 수 없다. 그러나 소프트웨어 개발자는 전체 코드의 80%에 달하는 그래픽 처리부분을 재작성하라든지, 웹 사이트를 모바일 환경으로 변경하라는 요구에 대해 별다른 타격을 받지 않을 것이다. 토목 기술자는 교량의 반을 재설계하는 것은 비용이 많이 들고, 위험한 일이라는 것을 알고 있다. 그래서 처음부터 다시 구축하는 것이 비용도 적게 들고, 안전하다고 생각할 것이다. 소프트웨어 개발자도 장기간에 걸친 광범위한 유지보수는 어리석은 일이고, 처음부터 프로그램을 다시 작성하는 것이 때로는 비용이 적게 든다고 인식하는 것은 사실이다. 그럼에도 사용자들이 흑인을 백인으로 성형하는 정도의 소프트웨어 변경을 자주 요구하는 이유는 무엇일까?

브룩스는 소프트웨어를 변경하라는 압력은 항상 있다고 지적한다. 소프트웨어를 실행하는 하드웨어보다는 소프트웨어를 변경하는 것이 더 쉽다. 이러한 사실은 소프트웨어와 하드웨어란 용어 속에 숨어 있는 진짜 이유 중 하나가 될지도 모른다.

시스템의 기능성은 소프트웨어로 구현되어 구체화된다. 그래서 기능성을 변경하려면 소프트웨어를 바꿔야 한다. 그러나 실제 흔히 발생하는 유지보수 문제는 단지 무지 때문에 발생하는 문제이다. 만약 일반 사용자가 소프트웨어의 특성을 제대로 교육을 받았다면, 자신이 사용하는 소프트웨어의 핵심적인 변경에 관한 요구를 자주 하지는 않을 것이다. 그러나 변경성이란 소프트웨어의 고유성질이고, 이에 내재된 문제는 극복할 수 없는 것이 사실이다. 즉, 소프트웨어는 항상 변경하라는 압력이 있을 수밖에 없기 때문에, 이러한 요구는 적극 수용해야 한다.

좋은 소프트웨어라면 경험할 수밖에 없는 운명적 요소가 있다. 첫째, 소프트웨어는 현실의 모델이고, 현실이 변경되면 소프트웨어는 변경되든지 폐기된다. 둘째, 소프트웨어가 다수의 사용자에게 유용한 것으로 인정되면, 만족하는 사용자들에게서 프로그램 초기 설계의 실행 범위를 넘어 더 확장된 기능성을 강요받는다. 셋째, 소프트웨어의 가장 큰 강점 중 하나는 하드웨어보다 새로운 요구에 대한 변경이 쉽다는 점이다. 넷째, 성공적인 소프트웨어는 소프트웨어가 작성될 당시의 하드웨어의 생명주기를 능가해 사용한다. 대략 하드웨어의 생명주기는 4~5년이다. 빠른 기술변화에 맞춰 디스크의 용량은 커지고, CPU의 속도가 빨라지며, 더욱 강력한 모니터가 출현하는 등 사용자 요구에 부합하는 적합한 하드웨어 컴포넌트가 꾸준히 소프트웨어에 적용될 수 있다. 그러나 새로운 하드웨어에서 소프트웨어 본질 중 일부는 변경해야 한다. 이러한 냉혹하기도 한 지속적인 변경은 소프트웨어의 품질에 해로운 결과를 가져온다.

불가시성

소프트웨어의 본질적인 문제점 중 하나는, 보이지 않으며 (Invisible), 보게 할 수도 없다(Unvisualized)는 사실이다. 여러분이 소프트웨어 개발과 관련된 회사에 취직하면, 아마도 팀장이나 사수에게서 처음 받는 임무는 수천, 수만 라인이 넘는 소스 코드와 모듈 목록만을 달랑 넘겨받아 소프트웨어를 분석하는 일일 것이다.

현재까지도 수없이 다양한 유형의 프로그램 개요를 이해하기 쉽게 표현한 공인된 방법은 없다. 여러분이 건축사라면 건물의 청사진은 물론, 구축할 구조물의 모든 세부사항을 반영해, 전체 설계의 아이디어를 시각적으로 확인할 수 있는 3차원 모델도 제공받을 수 있을 것이다. 화학전공자라면 분자의 구조 모델을 3차원으로 구축할 수 있고, 엔지니어는 실제 구조물의 축소비율 모델을 구성할 수 있으며, 성형외과 의사는 고객에게 수술 뒤 얼굴이 정확히 어떻게 변할 것인지 컴퓨터 그래픽을 이용해 보여줄 수 있다. 하드웨어 메모리 설계자들은 실리콘 칩과 전자 컴포넌트들을 다이어그램으로 작성할 수 있다. 컴퓨터의 컴포넌트들은 추상화 수준에서 다양한 종류의 도식으로 표현할 수 있다.

소프트웨어 개발자들도 자신의 머릿속에서 돌아가는 알고리즘(algorism)과 데이터의 흐름을 표현할 수 있는 방법이 없는 것은 아니다. 예를 들어 제어의 흐름을 나타내기 위해, 데이터의 흐름을 보여 주는 종속패턴과 시간 순서를 묘사하는 방향성 그래프(Directed Graph)를 그릴 수 있다. 그러나 계층적이며 2차원인 평면 그래프로 복잡한 데이터의 흐름을 완전하게 표현할 수는 없다. 이들 그래프의 많은 교차 지점을 이해하는 데 장애 요소가 너무 많기 때문이다. 이러한 문제점을 해결하기 위해서는 여러 가지 방법이 있다. 예를 들어 그래프의 원호를 세분화함으로써 계층구조를 명확하게 하여 소프트웨어의 부분 집합을 만들거나, 지름길을 갖는 원호도 소프트웨어의 컴포넌트들 간의 상호관계를 표현하기도 한다. 이는 부분적으로 성과를 거두고 있기도 하다. 그러나 어느 정도 도움을 줄 뿐, 소프트웨어의 청사진 역할은 하지 못한다.

소프트웨어를 눈에 보이게 완벽하게 표현하지 못함은 소프트웨어를 이해하기 힘들게 만들어서, 소프트웨어 전문가들 간의 의견 교환에도 큰 장애를 준다. 순서, 데이터 흐름, 또는 모듈 상호연계 다이어그램과 같은 방법들은 프로그램을 가시화하는 매우 유용하고 강력한 방법이다. 이러한 시각 표현은 다른 소프트웨어 개발자나 고객과 의견을 교환할 수 있는 우수한 방법이다. 그러나 이러한 다이어그램이 프로그램의 모든 측면을 구체하지 못한다는 것과 개발자의 머릿속에만 담겨 있다는 점, 따라서 다이어그램에는 생략될 수밖에 없는 부분이 무엇인지 알 수 없는 것은 문제이다.

이러한 이유들 때문에 소프트웨어 개발은 쉽지 않으며, 더욱더 체계적으로 접근해야 한다.

소프트웨어 공학의 등장

전 세계 경제는 물론, 모든 나라의 국방은 특히 컴퓨터에 의존하고 있다. 시각을 조금 달리하면 컴퓨터 소프트웨어가 한 국가를 먹여 살리고, 적의 공격에서 보호해주는 것이다. 이러한 이유로 여러 국가의 중앙정부는 소프트웨어 프로세스에 관심을 갖게 되었다. 1987년 미 국방성은 '새로운 방법론과 기술을 적용해서 얻을 수 있는 생산성과 품질을 지금도 갖지 못하는 가장 큰 이유는, 소프트웨어 프로세스를 관리하는 능력이 없기 때문이다' 라는 요지의 보고서를 작성한 적이 있다. 소프트웨어 프로세스 관리능력의 중요성을 간파한 펜타곤은 미국 피츠버그 소재 카네기메론 대학에 시스템 공학 연구소 SEI(System Engineering Insitute)를 설치한다. 이 연구소의 주요업적 중의 하나는 CMM(Capability Maturity Model)의 주도권을 확보한 것으로, 소프트웨어 프로세스 개선 노력의 결실인 ISO90000

시리즈 표준, SPICE(Software Process Improvement and Capability dEtermination)모델을 제안하게 된다. 여기서 CMM 은 소프트웨어 생명주기 모델과 상관없이 소프트웨어 프로세 스를 개선하고자 하는 전략이고 성숙도는 프로세스 자체의 우 수함을 측정한다는 의미다. CMM 모델에는 소프트웨어를 위한 SW-CMM, 인적자원 관리를 위한 P-CMM, 시스템 엔지니어링 을 위한 SE-CMM, 통합된 프로그램 개발을 위한 IPD-CMM 그 리고 소프트웨어 획득을 위한 SA-SMM이 있다. 최근에는 이들 다섯 가지 모델을 부분 통합한 통합 CMM 모델이 등장한 바 있 다. 이중 여러분이 관심을 가져야 하는 모델이 SW-CMM 모델 인데, 이 모델은 와트 험프리(Watts Humphrey)라는 사람이 1988년에 처음 제안한 것이다. 소프트웨어 프로세스는 소프트 웨어를 생성하는 데 사용되는 활동, 기법, 도구들로 구성된다. 그래서 소프트웨어 생성에는 기술적인 측면과 관리적인 측면 이 모두 통합된다. SW-CMM 모델은 새로운 소프트웨어 기법의 채용을 중요시하는 것이 아니라, 생산성과 이식성을 증가시키 는 것에 초점을 맞추고 있다.

이 모델의 전략은 소프트웨어 프로세스의 관리를 개선시킨 다는 것이다. 전체 프로세스를 개선시킨다는 것은 소프트웨어 의 품질을 높여주고, 시간과 비용초과로 나타나는 프로젝트의 부담을 줄여 주는 것이다. 소프트웨어 프로세스 개선은 하루 아침에 이뤄지지 않으므로 이 모델은 점증적인 변경을 유도한 다. 자세히 말하면 다섯 개의 성숙 수준을 정의하고, 소프트웨어의 개발자들은 상위수준의 프로세스 성숙도를 성취하기 위해 일련의 소규모 단계를 성숙시킴으로써, 천천히 상위 단계로 개선되어 가는 것이다. 잠시 이 모델에서 제안하고 있는 성숙 수준을 설명하도록 하겠다.

성숙 수준 1(Maturity Level 1 : Initial Level)

가장 하위 수준인 이 단계에서는 소프트웨어 공학에 대한 개념이 없이 모든 개발행위가 임의로 수행된다. 이 수준에 있는 조직에서 소프트웨어 개발 프로젝트가 성공하려면, 유능한 관리자와 뛰어난 소프트웨어 개발팀이 있어야 한다. 그러나 보통 관리와 계획수립의 수준 미달로 시간과 비용이 초과되기 마련이다. 결국 초기 개발단계 완료 뒤에, 완벽한 시험 단계를 계획해 수행하기보다는 즉흥으로 위기에 대처한다. 이러한 수준의 조직에서 소프트웨어 프로세스는 모두 현재의 기술진에 의존하기 때문에 정확한 프로세스를 예측할 수 없다. 즉, 기술진이 바뀌면 프로세스도 바뀌어, 결국 프로그램을 개발하는데 걸리는 시간이나 비용과 같은 중요한 항목들을 정확하게 예측하기 불가능하다. 대다수의 소프트웨어 개발 조직들이 이 수준에 머물고 있다는 것이 불행하지만 사실이다.

성숙 수준 2(Maturity Level 2 : Repeatable Level)

이 단계에서는 기본적인 소프트웨어 프로젝트 관리가 수행된다. 계획수립과 관리는 유사한 프로그램의 경험을 바탕으로 수행된다. 따라서 반복가능한 수준이라고 하며, 적합한 프로세스를 달성하는 첫 단계로 '측정'이라는 작업이 수행된다. 전형적인 측정에는 비용과 일정에 대한 상세한 추적이 포함된다. 수준 1처럼 위기 상태에서 즉흥으로 대처하지 않으며, 발생한 문제를 관리자가 관찰하고 식별해 위기상태가 오기 전에 방어하기 위한 적합한 조치를 즉시 취한다. 이 단계에서 핵심 요소는 측정이고, 만약 측정이 없다면 프로그램이 다른 사람에게 넘어가기 전에 문제를 찾아낼 수 없다. 또한 한 프로젝트 안에서 수행한 측정들은 미래 프로젝트에 대한 개발 기간과 비용, 일정을 작성하는데 재사용된다.

성숙 수준 3(Maturity Level 3 : Define Level)

이 수준에서는 소프트웨어 개발에 관한 프로세스가 완전하게 문서로 남는다. 프로세스의 관리와 기술 측면 모두 분명하게 정의되고, 또한 프로세스를 개선하기 위한 노력을 계속한다. 검토 작업을 소프트웨어 품질을 높이는데 사용한다. 이 수준에서는 품질과 생산성을 더욱 증가시키기 위해서 자동화 도구와 같은 신기술을 도입한다. 많은 조직이 성숙 수준 2와 3에 도달하겠지만 수준 4와 5에 도달하는 조직은 매우 소수이다. 이 두 개의 최상위 수준은 미래의 목표가 될 것이다.

성숙 수준 4(Maturity Level 4 : Managed Level)

수준 4에서 조직은 각 프로젝트의 품질과 생산성 목표를 설정한다. 이들 두 목표치가 받아들일 수 없을 정도로 편차가 생길 경우에는 계속 측정해 적절한 조치를 해야 한다. 통계적 품질관리는 품질이나 생산성 기준에 위배되는 지식을 식별할 수 있는 관리를 말한다. 통계적 품질 관리 측정의 간단한 예는 1,000라인 코드당 발견된 결함들의 개수를 말한다. 이러한 관리능력이 상승하면, 결함의 수치가 감소하는 방향으로 목표치는 수정된다.

성숙 수준 5(Maturity Level 5 : Optimizing Level)

이 수준에서 조직의 목표는 계속적인 프로세스 개선이라고 할 수 있다. 각 프로젝트에서 얻은 지식은 미래의 프로젝트에 재활용된다. 따라서 프로세스는 생산성과 품질이 크게 개선될 수 있도록 긍정적인 피드백 루프에 통합된다. 소프트웨어 프로세스를 개선하기 위해서, 조직은 우선 현재 프로세스를 이해한 뒤에 계획한 프로세스를 공식화한다. 그 다음에 이 프로세스 개선을 달성할 수 있는 활동방향을 결정한 뒤에 순위를 정한다. 마지막으로 이 프로세스 개선을 달성하는 계획을 작성해 실행한다. 이러한 일련의 단계들은 해당 소프트웨어 프로세스를 성공시키기 위해 반복 수행한다.

이러한 수준의 구분을 통해 소프트웨어 개발 프로세스가 하위수준에서 상위 수준으로 어떻게 전개되어야 하는지 가늠해볼 수 있다. CMM의 경험으로 비추어 보면, 수준 1에 달하려면 18

개월에서 3년이 걸리며, 수준 1에서 수준 2에 도달하려면 3년 내지 5년이 걸린다고 추정한다. 이러한 사실은 한 조직 안에서 소프트웨어 개발을 위한 체계적인 방법론을 성숙시키는 일이 얼마나 어려운지 잘 대변하고 있다.

이러한 성숙도 수준은 단계별로 나타나는데, 한 단계에서 다음 단계로 이행할 때 요구하는 대상이 있기 마련이다. 이러한 대상을 핵심 프로세스 영역(KPA: Key Process Area)이라고 부른다. 예를 들어 수준 2에서 수준 3으로 승급되기 위한 KPA는 형상관리, 소프트웨어 품질보증, 프로젝트 계획 수정, 프로젝트 추정, 요구사항 관리 등이 포함된다. 이들 영역은 소프트웨어 관리의 기본 요소에 해당된다. 즉, 고객의 필요사항을 결정하고(요구사항관리), 계획을 세우고(계획수립), 해당 계획과 편차를 측정하고(프로젝트 추정), 소프트웨어 프로그램을 결정하는 다양한 단위를 관리하고(형상관리), 프로그램에 결함이 없는 것을 확인한다(품질보증). 각 KPA 안에는 2~4개 사이의 관련 목표 그룹이 있고, 각 그룹은 다음 성숙 수준을 얻고자 노력한다. 예를 들어 프로젝트 계획수립의 목표 중하나가 소프트웨어 개발을 현실에 맞게 수행할 수 있도록 하는 계획서의 개발과 같은 것일 수 있다. 최상위 성숙도 수준 5의 KPA는 결함예방, 기술혁신, 프로세스 변경관리 등이 포함된다.

두 개의 수준을 비교한다면, 당연히 수준 5에 도달한 조직은 수준 2에 머물러 있는 조직보다 훨씬 앞서 있다. 수준 2의 조직은 결함을 발견하고, 수정하는 소프트웨어 품질 보증 수준인 반면에, 수준 5의 조직 프로세스는 소프트웨어에 결함이 없다고 확인해 주는 결함예방이 포함되기 때문이다. 현재 수준에서 상위 성숙도 수준에 도달하려는 조직을 돕기 위해, 평가의 기본이 되는 일련의 질문 사항들이 개발되어 있다. 이 평가의 목적은 조직의 소프트웨어 프로세스 안에 있는 현재의 결점을 집중 개선할 수 있는 방법을 찾아내도록 도와주는 것이다.

이러한 성숙 단계를 제시하고, 단계별 상승을 위한 구체적인 틀을 만든 이유는 미 국방성이 발주하는 소프트웨어를 수주하고자 하는 개발업체들의 개발방법론 성숙도 증명 때문이다. 이렇게 함으로써 미 국방성이 사용하는 소프트웨어의 품질을 향상시키고자 하는 것이다. 미 공군은 어떠한 소프트웨어 개발업체든지 미 공군과 계약을 체결하고자 한다면, 반드시 1998년에 만든 SW-CMM 수준 3을 따라야 한다는 조건을 규정함으로써 그들의 소프트웨어 프로세스 성숙도를 개선시키라는 무언의 압력을 가하게 되었다. 이러한 노력으로 소프트웨어의 품질과 생산성을 개선하려는 노력은 많은 소프트웨어 개발자들에 의해서 결실을 맺는다. 이러한 결실의 핵심이라고 할 수 있는 것이 소프트웨어 공학이라는 분야의 탄생이며, 소프트웨어 생명주기라는 개념이다. 전 단원에서 언급한 프로젝트 생명주기와 연결해 생각해보기 바란다.

소프트웨어 생명주기

소프트웨어는 프로젝트와 마찬가지로 생명주기가 있다. 탄생, 성장, 쇠퇴, 종료 단계를 지나며 자신의 일생을 살아간다. 소프트웨어에서 생명주기는 다음과 같은 단계로 설명할 수 있다. 프로젝트 생명주기와 다를 바 없다. 특히 여러분들은 정보기술관련 프로젝트를 주로 수행하고, 소프트웨어 개발과 직간접으로 관련된 작업에 참여할 테니 각 단계별 수행내용을 숙지하기 바란다.

요구사항 단계

소프트웨어 개발은 비용이 많이 드는 프로세스다. 개발 프로세스는 보통 고객입장에서 자신의 수익성이 증대되는 어떤 요구가 발생하는 시점에서 시작된다. 만약 고객이 소프트웨어의 비용효과 측면에서 이익이 없다고 판단하면, 개발 프로세스가 어느 단계에 있든지 개발을 종료시키게 된다.

고객과 개발자 간 초기 미팅에서 고객은 개발자에게 프로그램의 개념 윤곽을 도출해 제안할 것이다. 개발자의 관점에서 보면, 고객이 바라는 프로그램의 기술은 애매모호하고, 비합리적이며, 모순되거나, 달성하기 불가능해 보이기도 한다. 이 단계에서 개발자들은 고객이 원하는 것이 무엇인지 결정하고, 무슨 제약이 따르는지 찾아내야 한다. 제약은 주로 비용과 일정에 관한 것이지만, 신뢰성이나 목적코드의 규모들이 포함되기도 한다. 예를 들어 개발비용은 20억 이내이며, 14개월 안으로 완성해야 하고, 프로그램은 개발완료시 99%를 사용해야 하며, 펜티엄4 PC에서 실행되어야 한다는 등의 조건이다.

고객과 초기 회합에서 이루어지는 이러한 유형의 예비 조사를 '개념 조사'라고 부른다. 이 조사 뒤에 개발팀과 고객의 이후 모임에서는 제안된 프로그램의 기술적인 타당성과 재정적인 적합성을 분석하고 구체화한다. 모든 것이 간단하게 수행될 것처럼 보이지만, 불행하게도 요구사항 단계는 쉽지 않은 과정이다. 이 과정을 적절하게 수행하지 않으면, 개발과정이나 개발 뒤에 심각한 문제가 발생할 수 있다. 요구사항 명세서에 고객이 서명한 뒤 1, 2년 뒤에 프로그램이 개발되어 최종 인게될 때, 고객은 개발자를 불러 "이것이 내가 요청한 것은 맞습니다만, 내가 원한 것은 아닙니다"라는 황당한 말을 건넬 수 있다. 이러한 기막힌 상황이 발생하는 데는 여러 이유가 있다.

고객은 자신의 문제를 정확하게 이해하지 못할 수 있다. 예를 들어 현재 느린 응답시간의 원인이 잘못 설계된 데이터베이스임에도, 소프트웨어 개발자에게 더욱 빠른 운영체제를 요구한다거나, 이윤이 없는 편의점을 운영하면서 판매, 봉급, 지불계정과 같은 항목을 반영한 회계 관리 정보시스템을 요구하는 경우다. 만약 적자의 진짜 이유가 고용인의 잘못된 손버릇 때문에 생긴 것이라면, 이러한 프로그램은 무용지물이 될 것이다. 만약 이러한 경우가 사실이라면, 회계 관리 프로그램보다는 차라리 주식관리 프로그램이 나을 것이다.

고객이 불합리하고, 상황에 맞지 않는 프로그램을 자주 요구하는 이유는 소프트웨어가 복잡하기 때문이다. 소프트웨어 전문가조차도 기능성을 예측하기 어려울 정도로 소프트웨어가 복잡하다면, 컴퓨터에 거의 문외한인 고객에게는 더욱 더 난해한 일이다. 이것을 극복하는 여러 방법들이 있는데, 그 중하나가 래피드 프로토타입(Rapid Protype)이다.

래피드 프로토타입은 목표로 삼는 소프트웨어의 기능성을 가능한 많이 포함해, 빠른 시간 안에 작성한 일종의 요약본으로, 파일 갱신이나 오류처리와 같은 부수적인 내용은 고객에게 보여주지 않고 생략한다. 고객은 자신에게 필요한 핵심적인 내용들을 프로토타입을 통해 검토하고, 자신이 바라는 기능성이 어느 정도 구현될 때까지 지속적으로 수정, 보완하게 된다.

이러한 프로토타입을 검토하고, 고객이 주문한 내용이 정확하게 반영되어 있는지 검토하는 팀을 SQA(Software Quality Assurance)그룹이라고 부른다. 소프트웨어 품질 보증팀이라고 할 수 있는데, 여기서 소프트웨어의 품질이란 고객이 원하는 명세서를 어느 정도 만족시키고 있는가 하는 정도를 나타낸다. 이 그룹은 개발 프로세스의 초기 단계부터 본연의 역할을 수행해야 하는데, 결국 소프트웨어란 고객이 요구하는 사항을 만족시키는 것이 관건이기 때문이다. 따라서 SQA그룹은 래피드 프로토타입의 최종 버전이 고객의 요구사항을 잘 반영하고 있는지 고객과 함께 검증한다. 그러나 아무리 세밀하게 검토하더라도, 프로그램이 개발되는 도중에 개발팀의 관리 능력을 벗어나는 요구사항 변경을 주문하는 경우가 있을 수 있다. 이 경우 프로그램 개발은 요구사항 변경에 따른 수정이 완료될 때까지, 다음 단계의 작업은 일단 보류할 수밖에 없다.

소프트웨어를 개발할 때, 주요 논점 중 하나는 소위 이동하는 대상 문제다. 즉, 고객은 개발 기간 동안에 요구사항을 변경하게 되는데, 이것은 예상치 못한 환경이 끊임없이 변하기 때문이다. 예를 들면 프로그램 개발 도중에 회사가 사업경영 범위를 변경하거나, 다른 회사에 합병된다면, 현재 개발 중인 것을 포함해 많은 프로그램 모듈을 수정해야 할 것이다. 그러나 이동되는 대상 문제의 주요 원인은 환경의 변화보다는 계속 자신의 마음과 생각을 바꾸는 변덕스러운 고객에게 있다.

명세 단계

이제 개발자는 고객의 요구사항을 어느 정도 이해하게 된다. 그러면 명세서를 작성한다. 이러한 명세서는 전문팀이 작성하며, 다양한 명세서 양식과 엄밀한 문서 작업이 필요하다. 요구사항 단계와는 달리 이 단계에서는 프로그램의 기능성, 즉 프로그램이 하려고 하는 것이 무엇인지 정확하게 설명하고, 프로그램이 만족시켜야 할 제약 사항들을 목록으로 만들어 명세서를 작성한다.

명세서에는 프로그램에서 입력할 데이터와 필요한 출력요소를 포함해야 한다. 예를 들어 고객이 급여 프로그램이 필요하다면, 입력할 부분에는 각 고용자의 급여비율, 출근표 자료, 세금을 정확하게 계산하기 위해 신상문서에 있는 각종 자료 등을 포함시킨다. 출력물에는 급여와 사회보장 연금의 가산액과 같은 내용을 포함할 수 있다. 명세서에는 추가로 의료보험비, 노조비, 연금과 같은 다양한 공제액을 정확하게 처리할 수 있는 규정도 포함해야 한다.

프로그램 명세서는 계약서상에 명시된 항목들이 구성요소가 된다. 소프트웨어 개발자가 명세서에 명시된 인증 기준을 만족하는 프로그램을 인도할 때, 비로소 계약이 완료된 것으로 간주한다. 이러한 이유에는 명세서에는 적합성, 편리성, 충분성, 만족성과 같은 애매모호하고 부정확한 용어나, 최적 또는 98% 완성과 같은 부적절한 용어를 사용하면 안 된다.

제삼자와 계약하는 소프트웨어 개발은 민사소송을 일으킬 수 있는 반면에, 고객과 개발자가 같은 조직 안에 있다면, 명세서로 법적 효력을 따지는 일은 없을 것이다. 따라서 내부에서 소프트웨어를 개발하는 경우에는 명세 단계에서 더욱 다양한 어려움이 발생한다.

명세서를 작성할 때 빈번하게 저지르는 실수는 명세서를 애매모호하게 작성하는 것이다. 즉, 어떤 문구나 구절이 하나 이상으로 해석될 가능성을 내포하도록 작성하는 경우를 말한다. 또한 명세서에 어떤 사실이나 요구사항을 기재하지 않아서 불완전하게 해석될 수 있는 소지가 있다. 예를 들어 입력 데이터에 오류가 있는데, 무슨 조치를 취해야 하는지 명세서에 나타나 있지 않거나, 명세서의 지시 내용이 서로 모순될 수도 있다.

명세서가 완성되면 세부적인 계획수립과 추정을 시작한다. 프로젝트에 얼마나 많은 기간이 소요되는지, 얼마나 많은 비용이 드는지 등을 고객이 알지 못한다면, 소프트웨어 개발 프로젝트를 진행하지 않는다.

개발자의 입장에서 보면 소요기간과 비용은 똑같이 중요하다. 만약 개발자들이 프로젝트의 개발비용을 낮게 책정했다면, 고객은 개발자에게 실제 비용보다 아주 낮은 금액을 지불한다. 반대로 개발자들이 프로젝트의 개발비용을 높게 책정했다면, 고객은 프로젝트를 취소하거나 자신의 조건에 맞는 다른 개발자에게 의뢰한다. 이와 비슷한 논점들은 개발기간을 결정할 때에도 발생한다. 만약 개발자들이 프로젝트를 완성하는 기간을 예상보다 짧게 추정했다면, 프로그램의 인도가 늦어져 고객의 신용을 잃게 될 것이며, 최악의 경우 계약서에 있는 벌칙조항에 따라 재정적인 손해를 볼 수도 있다. 또 개발자들이 프로젝트가 인도될 기간을 예상보다 길게 추정했다면, 더 빠른 시간 안에 인도할 것을 약속한 다른 개발자에게 프로젝트를 빼앗길 수도 있다.

개발자에게 전체 개발기간과 비용을 추정하게 하는 것은 적절하지 못하다. 따라서 개발자는 개발 프로세스의 각 단계별로 적절하게 간섭할 필요가 있다. 예를 들어 코딩을 담당하는 팀은 품질보증을 담당하는 팀이 설계문서를 승인할 때까지는 코딩을 시작할 수 없다. 따라서 개발자는 우선 계획을 세워야 한다.

소프트웨어를 개발할 때 작성하는 문서에 소프트웨어 프로젝트 관리 계획(SPMP: Software Project Management Plan)이라는 것이 있다. 이 문서는 개발 프로세스의 각 독립된 단계들이 반영되도록 작성하고, 각 단계의 작업 마감일과 작업에 투입되는 개발조직, 개발자를 식별할 수 있도록 작성한다.

세부계획을 작성할 수 있는 가장 빠른 시기는 명세서를 완성했을 때다. 그 이전에 프로젝트에 관한 완전한 계획을 세우는 것은 팀조직을 갖추지 않은 상태이기 때문에 수행할 수 없다. 어떤 면에서는 프로젝트를 시작함과 동시에 계획을 세울 수 있으며, 이미 언급했듯이 프로젝트를 끝낼 때까지 계획은 지속된다고 할 수도 있다. 그러나 개발자들이 무엇을 구축해야 하는지 정확히 인식할 때까지는, 모든 프로젝트 구축 계획을 상세하게 세울 수 없다. 그러므로 명세서를 완료하고 검토가 끝나면, 계획서 작성 준비가 본격적으로 시작된다고 볼 수 있다.

계획서의 주요 구성요소는 개발결과물(고객이 무엇을 취득할 수 있으며, 개발자로 인도할 수 있는 것은 무엇인가), 일정표(고객은 언제 결과물을 얻을 수 있는가), 예산(고객은 얼마를 지불해야 하는가) 등이다.

계획은 소프트웨어 프로세스의 완전한 세부사항까지 기술한다. 이것은 사용될 생명주기 모델, 개발조직의 구조, 프로젝트 책임성, 경영목표와 우선순위, 사용될 기법과 자동화 도구, 세부일정, 예산, 자원할당과 같은 것들을 포함한다. 그러나 전체 계획에서 핵심 내용은 뭐니 뭐니 해도 개발기간과 비용이 아닐까?

소프트웨어를 인계 받았을 때 발생하는 결함들의 주요 원인은 소프트웨어가 운영모드에 들어가기 전에 발견하지 못한 결함이 넝세서에 있기 때문이다. 운영모드란 개밭한 목적대로 고객이 사용하는 것을 말한다. 따라서 품질보증을 담당하는 팀은 모순되거나 애매모호하거나 불완전한 데이터 흐름의 징후를 찾기 위해 명세서를 철저하게 검토해야 한다. 추가로 명세서가 유연성을 확보하고 있는지도 확인해야 한다. 예를 들어 명시된 하드웨어 컴포넌트가 충분히 빠른지, 고객이 소유한 온라인 디스크 용량이 새로운 프로그램을 처리하기에 적합한지 등을 확인해야 하는 것이다.

명세서를 검토하려면 갖추어야 할 면 중 하나가 추적성이다. 요구사항 단계 시 고객이 작성한 문장과 명세서에 있는 모든 문장을 추적할 수 있어야 한다. 만약 요구사항이 방법론적으로 제출되고 적절하게 번호가 부여되며, 전후에 상호 참조되고 첨자화 되어 있다면, 품질보증팀이 고객의 요구사항을 추적해서 그의 요구사항이 제대로 반영되었는지 확인하는데 큰 어려움이 없을 것이다. 만약 래피드 프로토타입이 요구사항 단계에 사용한다면, 명세서의 관련 문자들은 래피드 프로토타입에서 추적할 수 있다.

명세서를 확인하는 가장 우수한 방법은 끈질기게 검토하는 것 밖에는 대안이 없다. 검토회의는 명세서팀과 고객의 대표자들이 참석하는데, 이 모임의 대표는 통상적으로 품질보증팀의 팀원이 맡는다. 검토의 목적은 명세서가 정확하게 작성되었는지 결정하는 것이다. 검토자들은 문서를 잘못 이해하고 있는 것은 없는지 확인하기 위해 명세서를 자세히 검토한다.

검토 작업이 끝나고 고객이 명세서에 서명하면, 세부적인 계획수립과 추정에 대한 검토를 하는 동시에 계획서의 모든 측면을 품질보증팀이 세심하게 확인할 필요가 있다. 이 때 계획의 기간과 비용추정을 특별히 봐야 한다. 이것을 수행하는 한 가지 방법은 관리자가 계획수립의 초기 단계에서 개발기간과 비용에 대한 독립적인 추정을 해보는 것이다. 그러면 두 가지 추정 간의 차이를 조정할 수 있는 근거가 마련된다.

계획서를 검증하는 방법은 명세서의 검토와 유사한 과정을 밟아 검토하는 것이다. 만약 개발기간과 비용추정이 만족스럽다면, 고객은 프로젝트 진행을 허용할 것이다. 다음 단계는 프로그램을 설계하는 것이다.

설계 단계

설계 단계의 목표는 명세서에 작성된 내용을 어떤 방식으로 실행하는지 결정하는 것이다. 프로그램 명세서에는 프로그램이 무엇을 수행하는지 상세하게 설명되어 있다. 이미 완성된 명세서를 갖고 시작한 설계팀은 설계 단계에서 알고리즘을 선택하고, 데이터 구조를 결정한다. 프로그램의 입력과 출력은 모든 고려사항과 함께 명세서에 기술되어 있다. 설계 단계에서는 시스템 분석을 통해 결정된 모든 내부 데이터 흐름들이 결정되는 것이다.

설계팀은 프로그램을 인터페이스가 잘 되도록 독립된 모듈로 분해한다. 만약 객체지향 패러다임을 도입한다면, 객체라는 개념을 어떻게 모듈화 하는데 반영할 것인지 고민하게 될 것이다. 객체는 모듈의 특정 타입이다. 각 모듈에 대해 설계자는 해당 모듈이 무엇을 어떤 방식으로 수행하는지 명시한다. 각 모듈의 인터페이스, 즉 매개변수들이 모듈에 전달되고 반환되는 인터페이스를 세부적으로 명시해야 하는 것이다. 예를 들면 어떤 모듈은 원자로에 있는 물의 수치를 측정해 물의 수치가 너무 낮으면 경고음을 울리고, 항공전자 공학 프로그램에 있는 모듈은 적미사일의 좌표를 두 개 이상 입력받아 궤도를 계산해 조종사에게 대피할 수 있게 조언해 줄 수도 있다. 웹사이트나 게임을 개발한다면, 게시판이나 캐릭터의 활동 패턴을 모듈화 할 수 있을 것이다.

프로그램이 모듈로 분해되는 동안에 설계팀은 설계에 관해 자세하고, 정확한 사항을 기록해 둔다. 이렇게 기록된 정보는 두 가지 이유 때문에 중요하다. 첫째, 시스템을 설계하다 보면 오류가 발생할 수 있고, 이 경우에 전 단계로 돌아가서 명확하게 설계한 것까지 다시 설계하는 일이 발생할 수 있다. 그러므로 모든 설계 단계와 요소들을 자세하고 정확하게 기록해두면, 이러한 문제가 생겼을 때 신속하게 대응할 수 있다. 둘째, 유지보수와 관련이 있다. 이상적인 프로그램의 설계는 개방형이어야 한다. 왜냐하면 나중에 새로운 모듈을 추가해 기능을 향상시킬 수도 있고, 설계 전체에 영향을 미치지 않게 기본 모듈을 교체할 수도 있기 때문이다. 물론 이렇게 이상적인 형태의 개발방식을 고수하기란 그리 쉬운 일이 아니다. 실제로 설계자는 마감일의 제약 때문에 차후의 기능 향상을 고려하기보다는 기존 명세서를 만족시키는 수준에서 설계를 일단 완성하려고 한다. 만약 프로젝트가 운영모드에 들어간 뒤에 고객 요구에 따라 추가 작업을 해야 한다는 내용이 명세서에 포함되어 있다면, 설계 시에도 그러한 요구사항을 염두에 두어야 하지만, 실제로 그러한 상황은 아주 드물게 발생한다. 보통 설계는 명세서에 제시된 요구사항만을 취급한다. 따라서 프로그램이 설계 단계에 있을 때 앞으로 어떤 기능이 추가되고 향상되어야 하는지 가늠할 방법은 없다. 그런데도 설계 단계에서 앞으로 발생할 모든 기능의 업그레이드 내용이 고려된다면, 그것은 비현실적이고, 최악의 경우에 설계가 너무 복잡해서 구현하기 힘들 수도 있다. 그래서 설계팀은 전체를 다시 설계하지 않는 범위 안에서 구현 가능한 부분을 결정해야 한다. 그러나 핵심 기능을 향상시켜야 하는 프로그램에서 부분 설계 변경이 곤란할 경우에는 프로그램 전체를 재설계해야 한다. 이 경우에 재설계팀이 기존의 모든 설계 사항에 관한 기록을 갖고 있다면, 일은 한층 쉬워질 것이다.

설계 단계에서 나오는 주요 산출물은 두 부분으로 구성된다. 하나는 시스템의 구조 설계(Architecture)로서, 이는 모듈의 관점에서 프로그램을 설명하고자 하는 것이다. 또 다른 하나는 상세 설계로서, 이는 각 모듈에 대한 설명이다. 이것을 기초로 프로그래머들은 열심히 코딩작업을 하게 된다.

설계 단계 검토에 관한 중요한 측면은 추석성이다. 이는 설계의 모든 부분이 명세서와 연결되어야 한다는 의미다. 명세서와 상호참조하는 설계는 품질보증팀이 설계가 명세서와 일치하는지, 명세서의 모든 문장이 설계와 관련된 부분에 적합하게 반영되었는지 검토하는 강력한 도구가 된다.

설계 검토는 명세서를 심의하는 검토 작업과 유사하다. 그러나 대부분의 설계 문서는 고도의 기술적인 특성이 있기 때문에 고객이 직접 참여해 검토하는 일이 통상적인 것은 아니다. 설계팀과 품질보증팀은 설계가 정확한지 확인하기 위해 독립된 모듈과 전체 설계를 함께 검토한다. 이때 찾고자 하는 결함의 형태는 논리적 결함, 인터페이스 결함, 예외처리의 누락, 명세서 불일치 등이 있을 수 있으며, 추가로 이전 단계에서 발견되지 않은 별종의 결함들이 명세서에 존재한다는 가능성을 항상 염두에 두어야 한다.

구현 단계

구현 단계에서는 설계 단계에서 도출된 다양한 컴포넌트 모듈이 코딩된다. 구현에 연관된 주요 문서는 소스코드 자체가 될 것이다. 그러나 프로그래머는 유지보수에 도움을 주는 추가문서를 제공하는데, 이 추가문서에는 코드를 시험한 모든 시험 사례들, 기대되는 결과들, 실제 출력물이 포함된다.

모듈이 구현되는 도중에는 프로그래머가 비공식으로 자체 시험하고, 구현이 완료된 뒤에는 사전 준비된 시험을 유형별로 진행한다. 이 뒤에 품질보증팀이 방법론적으로 시험한다. 시험을 유형별로 실행하는 것 밖에도 별도로 코드를 검토 하는데, 프로그래밍 결함을 발견하는 강력하고, 성공적인 기법이 적용된다. 여기서 프로그래머는 모듈의 목록을 검토팀에게 전달한다. 검토팀에는 품질보증팀의 대표자도 포함된다. 절차는 이전의 명세 단계와 설계 단계의 검토 작업과 유사하다.

통합 단계

코딩이 마무리되면, 다음 단계는 모듈들을 결합시켜서 프로그램이 원하는 기능을 정확하게 발휘하는지 결정하는 단계다. 전체 모듈을 한번에 통합하거나, 모듈을 하나씩 통합하는 방법과 모듈 상호 연결 다이어그램을 토대로 위에서 아래로, 또는 아래에서 위로 통합할 수 있다. 여기서 선택하는 특정 순서의 결과는 프로그램의 품질에 막대한 영향을 미칠 수 있다.

통합 단계에서도 당연히 기능을 시험하는데, 이 작업의 궁극적인 목적은 모듈들이 해당 명세서를 만족시키는 프로그램이 되기 위해 정확하게 결합되었는지 검토하는 것이다. 통합 단계 시험 시 모듈 간의 인터페이스 시험에 신경을 써야 한다. 즉, 형식매개변수의 개수, 순서, 타입이 실매개변수의 그것들과 일치하는가 하는 것은 아주 중요하다. 이러한 타입 검사(Type checking)는 컴파일러와 링커가 최적으로 수행하지만, 보통 대부분의 프로그래밍 언어는 강한 타입 검사를 하지 않는다. 프로그래밍 언어가 구현 단계에 사용될 때 인터페이스 검사는 품질보증팀이 수행한다.

통합 단계 시험이 완료되면 품질보증팀은 프로그램을 시험한다. 프로그램의 전체 기능성은 명세서를 바탕으로 검토하는데, 특히 명세서에 있는 제약사항을 시험한다. 대표적인 예로 특정 프로세스의 응답시간이 충분히 빠른지 조사하는 것이다. 프로그램 시험 목표는 명세서가 정확하게 구현되는지 결정하는 것이기 때문에 명세서가 완성된 뒤에 실제 상황을 시뮬레이션하기 위한 여러 시험 사례를 준비하고 작성한다. 어떤 경우든 프로그램의 정확성과 견고성을 시험해야 한다. 프로그램에 잘못된 데이터가 입력되었을 때, 오류처리 기능을 제대로 수행하는지 보기 위해서 일부러 오류가 포함된 데이터를 프로그램에 입력시켜 본다든지, 현재 의뢰인 쪽에 설치된 소프트웨어와 함께 실행해서 새로운 프로그램이 기존 프로그램과 컴퓨터에 어떤 영향을 주는지 등을 검사해야 한다. 무엇보다도 소스코드와 모든 문서들의 완전성과 일관성을 점검하는 것이 중요하다.

통합 단계 시험의 최종적인 관심은 인증 시험이라고 할 수 있다. 소프트웨어는 실제 데이터를 사용해 하드웨어에서 시험한 뒤 고객에게 인도된다. 개발팀이나 품질보증팀이 철저하게 점검하겠지만, 인위적인 데이터인지 실제 데이터인지에 따라서 시험 결과는 차이가 많이 난다. 소프트웨어 프로그램은 인증 시험에 통과할 때까지는 해당명세서를 만족시킨다고 생각할 수 없다.

특정 고객을 위해 개발한 고가의 주문형 소프트웨어와는 달리 워드 프로세스나 스프래드 시트와 같이 대량으로 포장해서 판매하는 패키지형 소프트웨어는 많은 구매자들에게 저가로 판매된다. 이러한 패키지 소프트웨어는 CD나 디스켓, 매뉴얼, 라이선스 인증서 등이 박스에 포장되어 판매되는데, 프로그램 시험을 완료하는 즉시 완전한 패키지형 프로그램버전이 현장에서 시험받기 위해 고객에게 전달된다. 이 버전을 알파버전이라고 부른다. 이후 수정된 버전을 베타버전이라고 부르는데 보통 이 베타버전이 최종버전으로 끝나는 경향이 있다.

패키지형 소프트웨어에 있는 결함은 보통 개발회사에 큰 손해를 입힌다. 따라서 개발자들은 가능한 한 초기에 치명적인 결함을 발견하기 위해 선정된 몇몇 회사에게 알파나 베타버전을 제공한다. 이때 배포되는 알파나 베타버전은 무료이며, 자유롭게 복사해서 사용할 수도 있다. 그러나 알파나 베타시험에 참여한 개인이나 회사는 위험을 감수해야 한다. 왜냐하면 알파 시험버전은 적지 않은 오류를 안고 있기 때문에, 이와 관련된 후속조치로 불필요한 시간을 낭비할 수 있고, 수많은 정보가 저장되어 있는 데이터베이스에도 악영향을 미칠 수 있다. 그러나 시험에 참여하는 사람은 새로운 패키지 소프트웨어를 미리 사용해 본 선두 주자이기 때문에, 자신의 경쟁자보다는 정보처리기술 습득 면에서 앞선다.

유지보수 단계

일단 프로그램이 고객에게 인증 받으면, 이후의 변경 사항은 유지보수 단계에서 진행한다. 유지보수는 마지못해 수행하는 활동이 아니고, 프로그램이 운영 모드에 들어간 뒤에 수행하는 정규적인 활동이다. 이 활동은 처음부터 계획된 소프트웨어 프로세스에 통합된 부분이라는 뜻이다. 그만큼 유지보수 단계는 소프트웨어의 생명주기에서 중요한 역할을 담당한다.

설계는 미래의 기능 향상을 고려해서 유연성 있게 설계해야 하고 코딩 시에는 미래의 유지보수를 염두에 두고 체계적으로 진행해야 한다. 결국 모든 소프트웨어 활동을 합한 것보다 유지보수에 더 많은 비용이 투자되기 때문이다. 그래서 이 단계는 소프트웨어 생성에서 가장 중요한 단계이며, 전체 소프트웨어 개발 노력은 미래 유지보수의 영향을 최소화하는 방법으로 수행해야 한다.

유지보수가 지닌 공통적인 문제점은 문서, 또는 문서화에 대한 의식 부족이다. 소프트웨어 개발기간에 쫓겨 원래 명세서와 설계 문서들이 계속 갱신되지 않으면, 결국 유지보수팀에겐 쓸모없는 종잇조각에 불과하다. 관리자가 프로그램을 고객에게 정시에 인도하는 것이 문서를 작성하는 것보다 중요하다고 생각해서, 데이터베이스 매뉴얼이나 운영 매뉴얼 같은 문서를 작성하지 않아, 유지보수팀이 사용할 수 있는 문서는 소스코드 밖에 없는 경우가 종종 있다. 또한 소프트웨어 산업의 높은 이직률은 유지보수 상황을 더욱 어렵게 만드는 요인중 하나다. 따라서 유지보수를 할 때 초기의 개발자가 없어도 유지 보수를 가능하게 하는 것이 바로 문서다. 유지보수는 이러한 이유 때문에 소프트웨어 생명주기에서 가장 도전적인 단계라고 하는 것이다.

운영모드 프로그램에 가하는 변경에 관한 시험은 두 가지 측면이 있다. 첫째는 요구된 변경이 정확하게 구현되었는지 검토하는 것이고, 둘째는 프로그램에 요구된 변경을 수행하는 과정에서 또 다른 부주의한 변경을 가하지 않았다는 것을 확인하는 것이다. 따라서 프로그래머가 변경을 구현하기로 결정했다면, 프로그램의 나머지 부분에 대한 기능을 확인하기 위해서 이전의 시험 사례를 기반으로 다시 시험해야 한다. 이러한 과정을 회귀 시험(Regression Test)이라고 부른다. 회귀 시험을 잘 마치기 위해, 이전 시험 사례와 결과를 함께 보유해야 하는 것은 물론이다.

폐기

소프트웨어 생명주기의 마지막 단계는 폐기다. 수년 동안 서비스를 제공한 뒤, 유지보수가 비용면에서 효과적이지 못할 때 이 단계에 진입하게 된다. 변경에 대한 요구가 너무 커서 전체 설계를 변경해야 할 때 막대한 비용이 발생할 수 있다. 또한 빈번한 변경은 상호 종속적인 프로그램에 막대한 영향을 주고, 경우에 따라서는 아주 작은 모듈을 변경하는 것이 전체프로그램의 기능성에 현저하게 영향을 미칠 수도 있다. 이 경우에는 유지보수 차원의 재설계보다 기존의 프로그램을 폐기하고, 신규 또는 재개발을 진행하는 것이 바람직하다. 폐기가 불가피한 또 다른 이유는 문서로 적절하게 남지 않아 유지보수가 불가능한 경우다. 누가 보아도 이해할 수 없는 프로그램은 있으나마나 한 것이다. 마지막으로 프로그램을 실행하는 하드웨어 환경을 교체하는 경우다. 이러한 상황이 발생하면 현재 버전은 폐기되고, 새로운 버전으로 교체되는 것이다.

이상, 소프트웨어의 생명주기를 단계별로 설명했다. 여러분은 이 생명주기의 특정 단계에 관심이 있거나, 그 분야에서 일하게 될 것이다. 만약 프로젝트의 규모가 작다면 여러분 자신이 모든 단계에 관여할 수밖에 없다. 어쨌든 위에서 설명한 소프트웨어 개발 단계는 어떤 소프트웨어 개발 프로젝트에 참여하든지 반드시 거쳐야 할 단계다. 물론 활동의 중요도나 규모의 차이는 있겠지만, 성공적인 프로젝트 수행을 위해서는 어느 단계하나 건너뛸 수 없는 필수 이수과정이라고 할 수 있다.

프로그램 프로젝트 개발

　지금까지 프로젝트 관리와 소프트웨어 개발론에 대해 일반적인 관점에서 기술했다. 이제는 좀더 구체적으로 프로젝트를 실제 계획하고, 개발하는 과정을 설명하도록 할 것이다. 여기서 언급하는 내용은 앞에서 말한 내용들과 중복되기도, 생략되기도 할 것이다. 이 책의 실제적인 독자 대상은 대학생일 것이다. 보통 분기별, 학기별 혹은 졸업 프로젝트를 수행하는 것은 기업에서 수행하는 프로젝트와는 여러 면에서 차이가 있다. 그러나 근본적인 차이는 없으며, 규모와 다양한 측면에서 정도의 차이가 있을 뿐이다. 따라서 앞에서 설명한 내용을 먼저 개관한 뒤에 이 단원의 내용을 읽는다면, 세부적인 면에서 도움을 받을 수 있을 것이다. 프로그램 관련 프로젝트 개발 단계는 보통 다음과 같이 구성된다.

계획 단계: 프로그램이 갖추어야 할 기능과 성능을 파악하고 이를 처리하기 위한 기능을 정의한다.

분석 단계: 사용자의 요구 사항을 분석하고, 필요에 따라 요구 설명서를 작성한다.

내부 설계: 예비 설계서를 작성한다.

외부 설계: 상세 설계 단계이며, 설계서를 작성한다.

구현 단계: 프로그래밍 언어를 사용해 실제 코딩하는 단계다.

검사 단계: 개발 모듈을 통합해 실제 환경에서 그대로 시험하는 과정으로, 검사 결과서를 작성한다.

유지보수 단계: 소프트웨어를 사용하면서 나타나는 문제점을 수정하고, 새로운 기능을 추가하는 단계다.

여러분이 수행하는 어떤 규모와 성격의 프로젝트라고 해도 위의 과정을 따라해 보는 자세가 중요하다. 이미 언급했듯이, 프로젝트는 계획 단계에서 유지보수까지 지속적으로 진행되는 작업이다. 또한 계획부터 외부 설계까지는 모든 프로젝트에서 가장 중요한 단계로 개발 초기에는 문서 작성에 많은 노력을 기울여야 한다. 하지만 프로젝트의 성격에 따라 요구하는 문서의 종류와 조건 등이 다양하기 때문에, 눈앞의 상황을 잘 파악하고 적절하게 준비해야 한다.

이러한 단계별 프로젝트 개발과정을 여러분이 실제 참여하게 될 프로젝트에 적용해 보기로 하자. 정확히 가늠할 수는 없지만 통상 3명에서 10여 명의 인원으로 구성되는 팀으로 진행하는 프로그래밍 프로젝트는 인원으로 보나 지원규모로 보아 프로그래밍에 관한 한 거의 모든 일을 할 수 있다. 따라서 상업적인 솔루션 개발이 아니고 단순히 학점을 따기 위해서나 연구비 보조를 받기 위한 것이라고 할지라도, 프로페셔널한 결과물을 요구할 수 있다. 이러한 측면에서 프로젝트 개발과정에 대한 정확한 이해가 뒷받침되지 않고, 그에 따르는 결과물이나 보고서를 제출하지 않으면, 여러분은 다른 팀원들보다 열등하다는 비판을 면할 길이 없다.

프로그램 프로젝트는 우선, 프로그램 전체의 설계 디자인이 중요하다. 설계란 여러 단계의 작업으로 구성되며 이는 프로젝트 개발 단계와 같다. 프로젝트 개발이 하나의 소프트웨어를 만들어내기 위한 전체적인 과정이라고 한다면, 프로그램 개발은 소프트웨어 그 자체를 위한 과정, 즉 구체적인 코딩에 국한된 과정이라고 할 수 있다. 프로그램 개발 단계는 다음과 같이 요약할 수 있다.

· 문제를 명확히 한다.
· 해법을 설계한다.
· 코딩한다.
· 시험한다.
· 문서로 만들고 유지보수한다.

각 단계에서 무엇을 하는지 알아보기로 하자.

무엇을 프로그램 해야 하는지 명확히 하라.

  우선 프로젝트에서 맡은 프로그램의 목적과 사용자를 명확히 해야 한다. 지금 개발하려고 하는 프로그램은 무엇이며, 누가 사용할 것인가? 즉, 어느 연령대의 어떤 성별을 목표로 할 것인지 명확히 해야 한다. 유치원 아동 교육 솔루션인지, 청소년들을 위한 고민상담 사이트인지, 아니면 중장년층을 위한 쇼핑몰인지 결정해야 한다. 이를 통해서 프로그램 전체 설계가 달라지기 때문이다. 또한 프로그램의 입력, 처리, 결과과정을 정확히 설정해야 한다. 예를 들어 사용자들에게 어떤 종류의 인터페이스를 제공할 것인지, 입력을 통해 출력까지 절차가 어떻게 될 것인지 정확히 분석해야 한다. 이는 문제를 분석하는 단계이기 때문이다. 무엇보다도 분석과정과 결과들을 문서로 만들어야 한다.

시스템을 분석하라

  둘째 단계는 시스템 분석 단계다. 여러분은 어떻게 코딩해야 할지 고민해야 한다. 먼저 프로그램을 위한 전체 윤곽을 그려본 뒤 점차 세부적으로 파고들게 된다. 일반적인 문제해결 방식인 분리공략(Divide-and-conquer)방식을 취한다. 이는 큰 문제를 작은 문제들로 분리하고, 작은 문제들을 공략하는 기법이다. 이러한 방법을 기초로 프로그래밍에서 시스템을 분석하는 방식으로 변수 설정부터 논리 처리에 관한 순서도를 작성한다. 이 순서도를 통해 짧은 시간에 오류를 최소화하고, 프로그램의 데이터 흐름을 한눈에 이해할 수 있다. 그 밖에도 여러 가지 기법들을 사용할 수 있다.

코딩하라

셋째 단계는 프로젝트의 성격에 맞는 적절한 프로그램 언어를 선택하고, 설계한 분석결과에 따라 코딩한다. 이 단계에서는 선정된 프로그램 언어의 구문 규칙과 특징을 학습해 소스코드를 작성한다.

검증하라

넷째 단계는 작성한 코드를 검증하는 단계다. 오류 수정 작업(Debugging)을 통해 오류들을 잡아내고 문제점을 없애는 데 주력한다. 또한 프로젝트에 참여한 팀원들은 이러한 검증과정을 통해 발견한 잘못된 구문과 에러를 최대한 객관적 시각에서 수정, 보완해야 한다. 검증에 참여하는 사람들은 프로젝트 팀원들은 물론, 제삼자로서 프로그램을 실행할 때 발생할 수 있는 모든 경우의 수를 고려해, 검증과정을 세울 수 있는 능력이 있어야 한다.

문서로 만들어라

모든 소스코드는 문서로 만들어야 한다. 각 라인별로 주석을 달고, 모듈별로 작성자, 일자, 입출력 데이터, 기능, 사용법 등 시시콜콜하게 문서로 만들어야 한다. 코딩에 참여하지 않은 제삼자가 주석만 보아도 전체 코드를 이해할 수 있도록 해야 한다. 프로그램 자체의 문서뿐 아니라, 매뉴얼과 유지 보수를 위한 문서도 만들어야 한다. 최종 사용자가 작성된 실행코드를 사용할 때 매뉴얼과 유지보수 문서만 보고도 사용하는 데 문제가 없어야 한다. 결국 프로젝트를 수행하는 초기부터 마무리 시점에 도달할 때까지 여러분이 하는 일을 문서로 만드는 작업이라고 해도 지나친 말은 아니다. 그러면 무슨 문서를 어떻게 작성해야 하는지 요약해 보자.

프로젝트 개발 문서는 대개 다음과 같은 순서로 구성되어 최종보고서 형태로 정리된다.

-서론

-개발배경

-개발목적 및 의의, 기대효과, 개발일정 등

-프로젝트의 범위, 특징, 참여인력 및 역할분담

-시스템 구성도

-개발환경 및 수행환경

-관련연구 및 벤치마킹

-시스템 설계 및 구현

-사용자 매뉴얼 및 설치 매뉴얼

-결론 및 개선사항

-참고 문헌

위의 목차들은 절대 준수해야 할 내용은 아니며, 프로젝트의 특징에 따라 첨삭할 수 있고, 순서도 변경할 수 있다. 다만 여러분이 작성한 보고서가 난삽하지 않고 분명하며 간결하게 프로젝트의 결과를 표현하면 되는 것이다. 그러기 위해서는 몇 가지 유의해야 할 사항이 있다. 다음과 같은 질문을 스스로 해보고 답하도록 노력해보기 바란다.

- 개발 문서는 균형 있게 작성되었는가? 예를 들어 배경 지식, 설계, 구현 부분에 대한 내용의 비율이 적절한가?
- 번호 체계가 일관성 있게 구성되어 있는가?
- 문서는 논리 있게 작성되었는가?
- 내용의 흐름에 일관성이 있는가?
- 각 단원 간의 내용의 깊이는 일정하게 유지되어 있는가?
- 각 단원 간의 기술 내용 중 겹친 내용이 있는가?
- 반드시 있어야 할 내용이 빠져 있지는 않은가?
- 각 단원은 프로젝트와 연관성이 있으며, 그 내용에 대해 충분히 언급되어 있는가?
- 그림이나 표가 본문을 잘 이해할 수 있을 정도로 충분히

제공되어 있는가?

- 그림이나 표를 삽입한 경우 본문에서 그 그림과 표에 대한 설명이 언급이 되었는가?

- 문서에서 사용한 용어사용에 일관성이 있는가?

- 문서에서 용어표기법과 사용이 적절한가?

- 참고 문헌은 맞춤법과 작성방식대로 적절하게 정리되었는가?

- 소스코드에는 충분한 주석이 삽입되었는가?

이러한 문서작성 시의 유의사항을 염두에 두고, 다음과 같은 목차별 사례를 제시하니 여러분이 문서를 작성할 때에 참고하기 바란다.

먼저 모든 프로젝트에는 개발할 프로그램이나 솔루션의 명칭이 포함된다. 예를 들어 '포토 퍼즐'이나 '장애인을 위한 모바일 기반 문서편집기' 등의 제목을 붙일 수 있는데, 제목만 보더라도 프로젝트의 목적과 결과가 분명히 드러나게 잡는 것이 좋다.

프로젝트의 개발 목적부분에서는 프로젝트의 성격에 따라 개발 목적을 분명하고, 간결하게 서술한다. 여기에는 개발의 필요성과 소비자의 환경변화, 즉 소비자의 요구 변화에 따라 발생하는 신개념과 개발한 프로그램의 차별화된 기능을 기술하는 것이 좋다. '포토 퍼즐'이라는 제목의 프로젝트를 예로 들면, 모바일 카메라를 이용해 사용자가 직접 찍은 사진을 게임 속에 접목하는 등 기존의 단순한 퍼즐 게임에서 탈피해 자신이 원하는 사진을 가미해 새로운 즐거움을 줄 수 있는 게임이라는 것을 기술해야 한다.

프로젝트의 전체 데이터흐름을 나타내는 시스템 구성도를 작성한다. 이 구성도에서는 프로그램의 전체 구성을 다이어그램이나 각종 도화를 사용해 표현한다. 너무 많은 기능을 표현하려 하지 말고, 핵심 내용만을 정확하고, 쉽게 전달하도록 그리면 된다. 여기에는 실제적인 데이터 흐름도나 추상적인 개념도만을 제시해도 된다.

프로젝트의 개발 범위를 기술해야 한다. 즉, 프로젝트가 커버할 수 있는 기능상의 최저점과 최고점을 표시해 사용상 오류를 미연에 방지하고, 편리함을 주기 위함이다. 예를 들어 프로그램의 크기에 따른 개발 범위를 규정할 수 있다. 포토퍼즐의 경우에는 퍼즐 게임을 9개와 16개의 조각으로 나누는 것을 개발 범위로 규정하고, 25개 또는 그 이상의 조각 게임을 하려면, 휴대폰 LCD크기가 어느 정도 이상이 되어야 한다는 범위를 문서로 제시해야 한다. 또한 더 큰 범위의 게임을 위한 프로젝트 계획이 있다면, 업그레이드 일정을 기술하는 것도 좋다. 하여튼 무리한 계획보다는 최적화된 설계에 따른 범위를 정하는 것이 좋다. 포토퍼즐을 보면 프로세서를 직접 제어, 9 또는 16개의 그림 조각의 자리를 맞추는 퍼즐의 기록 저장이 가능, 자신이 직접 찍은 사진을 게임에 진행할 이미지로 선택하기 가능 등과 같이 개발범위를 정할 수 있을 것이다.

프로젝트 개발 문서에서는 프로젝트만이 지니는 고유한 특징과 기능, 즉 프로그램에서 특별히 눈에 띄는 점과 기능상 차별화된 점을 기술하는 것이 좋다. 사용자들은 이 부분에 특별한 관심이 있기 때문이다. 이 부분에는 프로젝트에서 채택한 새로운 프로그래밍 기술, 또는 새로운 아이디어를 추가한 내용을 기술하면 된다. 개발이란 것은 없던 것을 개발하거나, 기존에 있던 것을 업그레이드 하는 것이 주된 목적임을 기억하면 된다.

이와 연관된 내용으로 기존 프로그램과 차이점을 부각시킨다. 현존하는 다른 프로그램보다 사용상 편리한 점이나 기능상 업그레이드된 측면을 견주어 기술하면 좋다. 예를 들어 카메라와 연동한 최초의 퍼즐 게임, 기존 모바일 게임이 개발자가 만든 고정된 이미지만을 사용해 게임을 구성한 것과는 다르게 사용자가 직접 게임 구성에 참여 가능하다는 등의 내용이 사례가 될 것이다.

모든 프로젝트에는 기대효과라는 항목을 기술한다. 많은 인력과 자원이 투입되는 프로젝트라면, 개발된 결과물이 어떤 효과를 산출할 수 있는가 하는 것이 가장 관심을 끄는 내용이 될 것이다. 여기에는 다양한 항목이 있을 수 있지만, 프로젝트가 완료되었을 때, 기술적인 기대효과와 상업적인 기대효과 등 프로젝트의 성격에 따라 중점적으로 기술되어야 할 내용이 달라진다. 예를 들면 '계속 이미지를 바꾸어 게임을 즐길 수 있으므로 지루함이 없이 게임을 지속할 수 있다', '편리한 사용법으로 남녀노소 누구나 쉽게 즐길 수 있다', '이미지 촬영에만 활용했던 모바일 카메라의 새로운 활용이 가능하다'는 등 기대효과 부분에 기술할 수 있을 것이다.

또한, 프로젝트에 참여할 인력구성과 역할분담을 기술한다. 참여할 인력구성과 역할분담, 참여기간과 참여비율을 보면 프로젝트의 성공여부를 대체로 가늠할 수 있다.

프로젝트의 개발 일정은 프로젝트가 진행되는 전반적인 과정에 대해 정확하고 세부적으로 계획해 작성해야 한다. 프로젝트의 복잡도가 크고 참여 인원이 많다면, 더욱 상세하게 계획해야 한다. 이 경우에도 너무 무리한 일정을 잡는 것은 부담감을 주며, 프로젝트 자체를 대충 마무리하는 원인을 제공할 수 있다. 그렇다고 너무 느긋하게 잡아 비용이 상승하는 원인을 제공해서도 안 된다. 균형있게 최적화된 일정을 잡아보기 바란다.

모든 프로젝트에는 참고한 자료들이 있기 마련이다. 자료들의 출처는 정확하게 기술해야 한다. 이 항목이 중요한 이유는 저작권과 관련이 있기 때문이다. 자신이 창작한 내용이 아니라면 어떤 것이든 원저자, 제목, 출판사 등의 정보를 별도의 항목에서 기술해야 한다. 참고문헌 정리 시에는 저자, 역자, 제목, 연도, 출판사, 판 번호 등 필요한 내용이 다 들어가도록 해야 하며, URL인 경우 URL과 연도를 표시한다. 여러분이 참여하는 프로젝트도 참고문헌을 작성해야 하며, 도한 작성하는 규정이 제공될 것이다. 그 규정에 맞추어 작성하면 된다.

　마지막으로 유지보수와 관련된 사항을 살펴보자. 여기에는 유지보수 작업이 발생할 경우를 대비해 계약상의 이행사항이나 업그레이드 계약사항 등을 기술한다. 또한 프로그램이 완료되어 패키지로 출시된 뒤에 추가될 부분이나 수정, 보완해야 될 내용도 문서로 만든다. 예를 들면 DB를 구축하고 사용자의 점수를 저장할 부분의 구현이 필요하다, 게임 메모리에서 이전에 사용한 이미지가 남아있는 경우가 있으므로 삭제하는 코드를 구현해야 한다, 사용자가 게임시작 방법을 어려워하므로 좀 더 쉬운 인터페이스가 필요하다는 등의 내용을 기술하면 된다.

　위와 같은 유지보수 사항이 결정되었다면, 프로그램을 수정, 보완하고 재검증하는 작업을 반복해야 한다. 이미 언급했듯이 유지보수 자체도 엄연한 코딩 과정과 그 과정 중에 프로그래머가 코드에서 실수하거나, 혹은 시스템 간의 호환성 문제들이 발생할 수 있기 때문이다.

　유지보수를 거쳐 최종 마무리된 프로그램이 시장에 출시되려면 사용자 설명서는 필수이며, 이것은 모든 프로젝트 개발의 기본적 산출물이다. 사용자 설명서는 사용자 입장에서 쉽고 간결하고 분명하게 작성되어야 한다. 또한 사용하다 문제가 발생할 경우, 응급조치를 할 수 있는 내용도 개발자에게 비용 부담을 덜어줄 수 있는 중요한 문서로서 반드시 첨가해야 한다.

맺는말

지금까지 프로젝트 개발 시에 여러분이 반드시 알아 두어야 할 내용을 정리했다. 앞으로 여러분이 어떤 직장에서 어떤 일을 하든 프로젝트라는 굴레를 벗어나지 못할 것이며, 프로젝트를 어떻게 수행하느냐에 따라 여러분의 미래가 결정될 것이다. 프로젝트를 개발하고 관리하는 방법은 특별히 정해진 것이 아니다. 여러분이 속해있거나 속하게 될 조직의 특성과 문화에 따라, 프로젝트 관리 활동은 천차만별일 것이다. 그러나 이 책에서 정리한 내용을 숙지하고, 기회가 있을 때마다 적용하려고 노력한다면, 여러분은 어느덧 프로젝트의 기본 활동수칙이나 원리를 체득하고, 어떤 프로젝트에 참여하더라도 성공적인 프로젝트를 수행할 수 있는 능력을 발휘할 수 있을 것이다. 아무쪼록 여러분의 앞날에 행운이 따르기 바란다.

참 고 문 헌

안재성, 『쉽게 배우는 Microsoft office project』, 제이에스컨텐츠팩토리, 2005.

이지연역, 『초보 팀장을 위한 프로젝트 관리 기술』, 한빛미디어, 2005.

양기영, 한경수 공저, 『프로젝트 관리』, 한언, 2006.

김병철, 『프로젝트 관리의 이해 실무지식 편』, 세화, 2004.

이소연, 『프로젝트는 왜 실패하는가』, 성안당, 2004.

윤성역, 『프로젝트를 성공시키는 SE』, 성안당, 2004.

디지털 콘텐츠 개발을 위한 프로젝트론 성공적인 프로젝트란?

초판인쇄 2007년 11월 23일 | 초판발행 2007년 11월 30일
지은이 최영미
펴낸이 심만수
펴낸곳 (주)살림출판사
출판등록 1989년 11월 1일 제9-210호

주소 413-756 경기도 파주시 교하읍 문발리 파주출판도시 522-2
전화 영업 · 031)955-1350 기획편집 · 031)955-1372
팩스 031)955-1355
이메일 salleem@chol.com
홈페이지 http://www.sallimbooks.com

ISBN 978-89-522-0717-3 14560

* 잘못된 책은 구입하신 서점에서 바꾸어 드립니다.
* 저자와의 협의에 의해 인지를 생략합니다.

값 4,500원